역사가 묻고 지리가 답하다

역사가 묻고 지리가 답하다

지리 선생님들이 들려주는 우리 땅, 우리 역사 이야기

마경묵, 박선희 지음

지상의 책

CONTENTS

3부 우리 땅에 대해 무엇을 잊지 말아야 할까?

/ 머 / 리 / 말 /

세상의 모든 일은 특정 장소에서 일어난다. 과거의 일이건 현재의 일이건 혹은 미래에 일어날 일이건 간에 인간의 모든 사건은 특정 장소에서 발생하는 것이다. 그런데 그 장소는 특유의 자연환경 속에서 인간의 무구한 삶의 행적이 켜켜이 쌓여서 다른 장소에서는 도저히 찾아볼 수 없는 그곳만의 개성을 만들어낸다. 그렇게 만들어진 환경은 다시 그곳에 살아가는 사람들의 삶에 영향을 준다. 그래서 특정 사건이나 사실을 이해하려면 그 사건이 일어난 곳이 가지고 있는 특성을 살펴보아야 한다.

지리학은 우리 삶의 배경이 되는 공간, 장소, 지역에 대해 연구하는 학문이다. 나의 삶의 배경이 되는, 내가 살고 있는 장소에 대한 이해를 통해 우리는 그곳에 먼저 살다 간 사람들의 삶과 함께 현재를 살고 있는 우리 자신이 어떤 사람인지도 잘 이해할 수 있다. 나아가 미래의 삶도 그려낼 수가 있다. 이 책은 이러한 관점에서 우리 역사를 들여다본다. 그리고 역사적 사실이 일어난 지역의 지리적 환경을 분석해 봄으로써 보다 깊은 이해에 도달하려는 것이 목적이다.

이 책에서 우리는 이순신 장군이 12척의 배로 수백 척의 배를 가진 왜군을 물리쳤다는 사실을 말하는 데 그치지 않고 그 전투에서 승리할 수 있었던 자연 환경적 배경은 무엇인지 알아보고자 했으며, 정조가 수원 화성을 만들고 또 운하를 파려고 했던 이유를 자연 및 인문 환경적 관점에서 찾아보려고 하였다. 또한 역사에서 크게 주목받지 않았던 보부상들이 어떠한 방식으로 장사를 했는지, 우리 조상들의 삶의 일부였던 장시는 왜 생겨났고 어떻게 운영되었는지에 대해서도 살펴보았다. 그 밖에도 우리가 지켜내야 할 우리 영토에 관한 이야기 등 역사 속 조상들의 삶을 이해하는 데 필요한 다양한 사실들을 지리적 관점에서 다루었다.

이 책은 고도의 전문지식과 복잡한 사건, 그리고 많은 인물들의 세세한 부분을 이야기하지는 않는다. 우리 선조들이 이 땅에 살다 가면서 남겨놓은 여러 발자취들을 지리적 관점에서 해석해 결코 무겁지 않은 내용들로 구성하고자 했다. 즉 우리는 이 책을 통해서 어떤 역사적 사실들을 누군가에게 그대로 알려주려는 것도 아니며 전혀 새로운 발견이나 역사적 해석을 하려는 것도 아니다. 단지 지리적 관점에서 역사를 바라보려고 한 것이다. 여기에 등장하는 지리 지식도 누구나 쉽게 생각하고 이해할 수 있는 수준의 내용들이다. 이 책에서 다루지는 않은 우리 역사의 많은 내용들도 그 사건이 발생한 지리적 배경을 통해서 이해한다면 더 깊은 해석이 가능할 것이다. 역사와 지리가 씨줄과 날줄이 되어 엮어낸, 조금은 가볍지만 독특한 향기가 나는 책이 되었으면 좋겠다.

모든 일에 아쉬움이 있듯이 이 책에도 적잖은 아쉬움이 있다. 특히 좀 더 풍성하고 다양한 내용을 담아내지 못한 점이 아쉽다. 앞으로 기회가 닿는다면 우리 역사 곳곳에 숨어 있는 재미있고 유익한 내용들을 더 발굴하여 보다 다채롭게 구성해보고 싶다. 무엇이든 처음 가보는 길은 결코 쉽지 않다. 끝까지 포기하지 않고 함께해준 공동저자인 후배 박선희 선생님에게 그동안 고생했다는 말을 전한다. 그리고 이 책이 나오기까지 끝까지 믿어주고 기다려주신 갈매나무 박선경 대표님 그리고 편집을 맡아주신 권혜원, 한상일 님께도 감사의 말씀을 드린다.

2019년 5월 1일 저자를 대표하여, 마경묵

왜 하필 그곳에서 그 사건이 일어났을까? 특정 사건이나 사실을 이해하려면 그 사건이 일어난 장소의 특성을 살펴보아야 한다. 1부에서는 우리 역사의 중요한 장면에 주목하여 그 역사적 사실이 일어난 지역의 지리적 환경을 분석해본다. 역사와 지리를 씨줄과 날줄로 촘촘히 엮어낸 이야기들은 우리 역사의 가장 긴박했던 장면들을 그 사건이 발생한 지리적 배경을 통해 입체적으로 이해할 수 있도록 도와줄 것이다.

1부

우리 땅을 어떻게 지켜왔을까?

한반도는 언제부터 호랑이 모양이 되었을까?

유럽의 벨기에와 네덜란드의 국경에 있는 마을 바를Baarle은 한쪽은 벨기에 땅이며 다른 쪽은 네덜란드 땅이다. 하얀 십자가 타일로 만든 경계선이 이 두 나라의 국경선이다. 이 지역 주민들은 하루에도 몇 번씩 국경을 넘나든다. 세상에는 이렇게 평화로운 국경선도 존재하지만 대부분의 국경선에서는 군인들이 철통같은 감시를 하면서 허가받지 않은 다른 나라 사람들이 함부로 국경을 넘어오지 못하도록 지키고 있다. 혹시 불법적으로 넘어오는 사람들이 있지 않을까 해서 높은 장벽을 쌓은 곳도 있다. 하늘을 나는 항공기도 다른 나라의 국경을 넘을 때는 반드시 해당 국가의 허가를 받아야 한다.

영토는 국가가 존립하는 근거가 되는 매우 중요한 요소로 우리의 모든 일상이 영토 안에서 이루어진다. 우리나라의 헌법에는 '우리나라는 한반도와 그 부속도서를 영토로 하고 있다'라고 명시되어 있다.

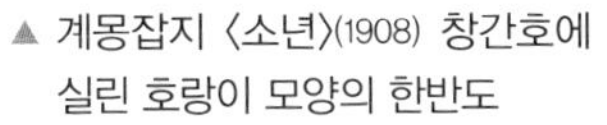

▲ 계몽잡지 〈소년〉(1908) 창간호에 실린 호랑이 모양의 한반도

▲ 영월군 한반도면의 한반도 지형(출처: 한국관광공사)

2018년 평창 동계 올림픽 개막식에서 남북한은 단일팀을 이뤄 함께 입장하였다. 이때 남북은 양국의 국기 대신에 한반도기를 앞세우고 입장하였다. 우리의 국토가 우리 민족을 상징하는 역할을 한 것이다. 우리는 한반도의 형태만 보아도 우리나라를 쉽게 연상한다. 흔히 우리 국토의 모양을 대륙을 향해 발을 쳐들고 있는 호랑이에 비유한다. 한반도의 형태는 그 자체로 우리나라를 뜻하는 중요한 상징물이 되었다. 그래서 우리 국토와 비슷한 모양만 보아도 한반도 지형, 한반도 연못 등으로 부르기도 한다. 아예 지명이 한반도면인 곳도 있다. 강원도 영월군 서부에 위치한 한반도면의 본래 지명은 서면이었는데 그곳의 지형이 마치 한반도와 닮았

다고 하여 지명을 한반도면으로 개명하였고 그 후 더 유명해져서 많은 관광객들이 찾고 있다. 그렇다면 언제부터 우리 국토의 모양이 지금과 같은 독특한 형태가 되었을까?

세종대왕이 개척한 4군 6진

과거 삼국 시대에는 세 국가의 영역을 합하면 오늘날의 한반도보다 훨씬 넓었으며 통일 신라 시대와 고려 시대에는 현재보다 훨씬 좁은 면적을 하고 있었다. 과거에는 오늘날과 달리 나라의 경계가 명확하지 않았다. 그래서 국가의 경계 지역에서는 누구의 영토인지를 명확하게 규정할 수 없는 구간들이 있었다. 일반적으로 국가 간의 경계는 강이나 높은 산맥 같은 자연적 경계를 따라서 형성된다. 만일 그렇지 않다면 방어를 위해서 국경을 따라 높은 성벽을 쌓아야 하고 또 그것을 지켜야 하기 때문에 그만큼 비용과 수고가 많이 들 것이다. 한반도의 경우는 압록강과 두만강이라는 자연적 경계가 국가의 경계를 구분하는 기준이 되고 있는데 이러한 경계가 확정된 시기가 바로 세종대왕 때이다. 세종대왕이라고 하면 아마 한글 창제, 측우기, 해시계 등을 떠올리는 사람이 많을 것이다. 물론 이와 같은 것들도 세종대왕의 훌륭한 업적이지만 그의 업적 중 빼놓을 수 없는 것이 바로 4군 6진의 개척이다.

한반도 최북단에 해당하는 압록강과 두만강 이남 지역은 당시 행정구역상 함길도(오늘날의 함경도)와 평안도에 속하는 곳으로 사람이 거주하

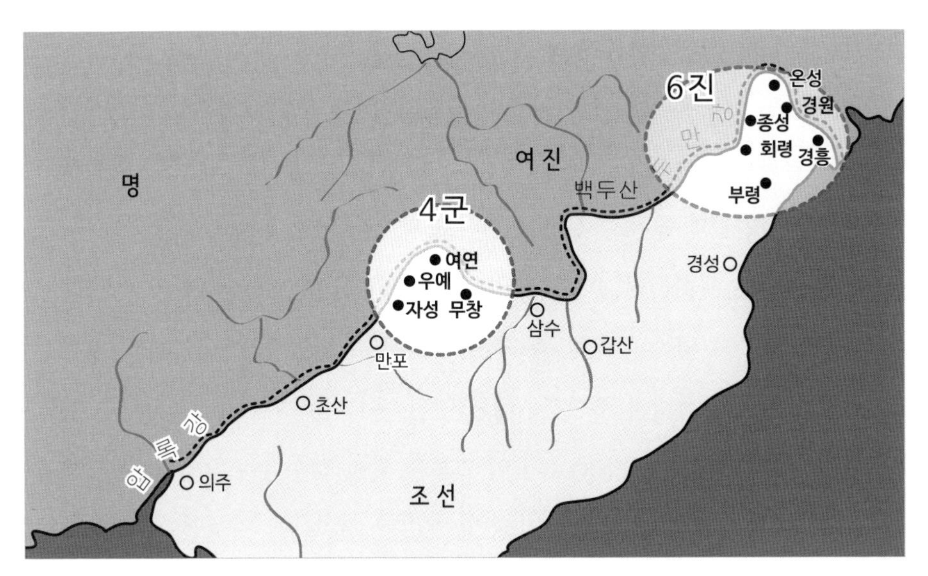

▲ 4군 6진의 위치

기에 불편한 점이 많았다. 지형적으로 보면 이 일대 대부분은 해발고도 2000미터 이상의 높은 산악 지대이다. 일부 지역은 백두산에서 흘러나온 용암이 산지를 덮으면서 형성된 용암 대지를 이루고 있다. 산지는 농사를 짓거나 거주지를 만드는 데 필요한 땅이 부족하며 다른 지역과의 교통에도 큰 장애가 되어 사람들이 거주하기에 불편함이 많은 곳이다. 이곳은 기후적 특성 또한 거주에 불리했다. 대부분이 냉대 기후에 속해서 겨울이 매우 춥고 길었으며, 고원 지역의 특성으로 인해 강수량이 적어 연 강수량이 700밀리미터가 되지 않았다. 보통 연 강수량 500밀리미터 이하인 곳을 건조 기후로 분류하고 있는데 이곳은 건조 기후보다 조금 더 강수량이 많은 정도인 것이다. 이곳은 여름 한 철 농사가 가능한데 벼농사는 불가능하고 밭농사만 지을 수 있었다.

조선 초 이곳은 북쪽의 여진족이 침입하여 이 지역에 거주하는 민간인을 약탈하는 일이 빈번하게 발생했다. 당시 조선 정부는 때로는 회유를 통해서 여진족과 좋은 관계를 유지하고 때로는 군사적 보복을 통해서 이들의 침략을 차단하려고 노력하였다. 하지만 그럼에도 불구하고 여진족은 지속적으로 변방 지역의 주민들을 괴롭히고 있었다. 두만강과 압록강이라는 천연의 국경이 존재했음에도 여진족이 이곳을 쉽게 침략할 수 있었던 이유는 무엇일까? 이 두 강이 흐르는 곳은 강수량이 많지 않아 강이 깊지 않았기 때문에 도하하기가 수월하였다. 거기에다 겨울철 기온이 낮아서 강이 얼면 강을 걸어서 건너기가 쉬워졌으며 산지가 많아서 침입자들이 쉽게 노출되지도 않았다.

세종은 북쪽 지역의 오랑캐를 몰아내고 이곳을 우리의 영토로 확정하기 위해서 김종서를 임명하여 4군과 6진을 개척하도록 하였다. 군郡은 조선의 행정구역의 일종으로 4군이란 이곳에 새롭게 설치한 네 곳의 행정구역을 말한다. 우리가 지켜야 할 우리의 영토에 관리를 파견하고 수비를 하도록 지시한 것이다. 진鎭은 군인들이 주둔하고 있는 진지를 말한다. 6진은 새롭게 이곳을 지키는 여섯 곳의 군사 방어 주둔지를 만들었다는 뜻이다. 즉 북방에 4군과 6진을 개척했다는 것은 이곳에 관리를 파견하고 군대를 주둔시킴으로써 명실공히 우리의 영토임을 확실하게 하였음을 의미한다. 이 북방 영토를 지키려는 세종의 의지는 매우 강했다. 4군 6진의 설치 이후에도 계속 여진족이 침입해오자 일부 신하들은 이곳을 지키는 것이 국가에 득이 될 것이 없다고 보고 이곳을 포기하자는 의견을 제시했다. 하지만 세종은 조상들로부터 물려받은 영토는 절대 포기할 수 없는 것이라고 말하면서 이를 일축하였다고 한다.

문제는 군대만 주둔한다고 해서 우리 땅이라고 주장하기에는 부족하다는 점이 많았다는 것이다. 또 군인들이 거주하려면 그들이 먹을 식량이나 필요한 물품을 조달해야 하는데 이런 것을 생산하려면 주변에 민간인이 거주해야 한다. 그런데 이곳은 앞에서 언급했듯이 사람들이 거주하기에는 불편함이 많아 인구가 희박한 곳이었다. 이와 같은 이유로 세종은 이곳의 상주인구를 늘리기 위해서 다른 지역에 살고 있는 사람들을 이곳으로 이주시키는 정책을 추진하였는데 이를 사민정책이라고 한다. 우선은 멀리 사는 남부 지방 백성보다는 변방 지역 바로 아래에 거주하는 백성을 이곳으로 옮겨 살도록 하였다. 이러한 이주 정책은 세종 때 시작되어 선조 때까지 지속되었다.

인구를 이동시키는 가장 큰 목적

일반적으로 사람들은 현재 살고 있는 곳에 문제가 있거나 새롭게 이주할 곳에 좋은 점이 있을 때 이주를 결정한다. 현재 살고 있는 지역이 환경, 교통, 교육, 편의 시설 등에 문제가 있다면 그 지역 주민들의 삶을 어렵게 하여 이주를 유발할 수 있는데, 이와 같은 요인을 배출 요인이라고 한다. 반대로 저렴한 지가, 좋은 경관, 병원이나 쇼핑센터와의 가까운

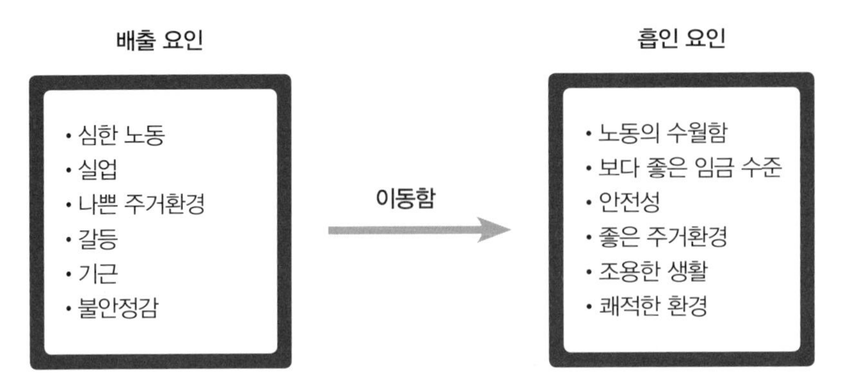

▲ 인구의 흡인 요인과 배출 요인(출처: Knapp, B., Ross, S. and McCrae D.(1989), *Challenge of the Human Environment*, London L Longman, p. 80.)

거리 등 사람들을 끌어들이는 요인을 흡인 요인이라고 한다. 배출 요인보다 흡인 요인이 크면 인구가 증가하고 반대로 배출 요인이 크면 자연히 인구는 감소한다. 그러나 이러한 인구 변화는 주민들의 자발적인 이주에만 적용된다. 한편 주민의 의사와는 무관하게 이뤄지는 강제 이주도 있다. 소련의 스탈린 정권 당시 사할린 일대에 거주하던 고려인들을 중앙아시아로 이주시킨 것이 대표적인 강제 이주의 사례이다. 이러한 국가 정책에 의한 대규모 인구 이동이 조선 초기에 변방 지역에서 발생한 것이다. 조선 초 북방 지역으로 인구를 이동시키는 가장 큰 목적은 당연히 국경 방어에 필요한 물자나 식량을 공급하기 위함이었다. 그러나 이 외에도 다양한 목적이 있었다. 상대적으로 인구 밀도가 높은 남부 지방의 주민들을 인구가 희박한 북부 지방으로 이주시킴으로서 국토의 균형 발전을 이룰 수 있었으며, 남쪽의 발달된 농업 기술을 북방 지역으로 전파

할 수도 있었다.

그렇다면 어느 지역에 사는 어떤 사람들이 북방 지역으로 이주하였을까? 처음에는 먼 남쪽의 전라도, 경상도, 충청도 주민들을 이주시키려고 했다. 그러나 이 지역의 반발이 거세자 이를 포기하고 북방 바로 남쪽 지역의 주민들을 이곳으로 이주시켰다. 함길도와 평안도의 남부 지역의 각 군현에 인구수, 농업 생산 능력, 국경과의 거리 등을 고려하여 이주할 주민의 수를 할당하였다. 국경 지역으로 이주한 사람에게는 세금을 감면해 주고, 요역을 가볍게 해주었으며, 토지도 나눠주는 등 혜택을 부여해서 이주민들이 안정적으로 정착할 수 있도록 유도했다. 이렇게 해서 1434년(세종 16년)에 함길도 남쪽 주민 2700호(가정)가 북방 지역으로 이주했다. 그러나 여기에도 문제는 있었다. 이렇게 한쪽의 인구를 빼서 다른 쪽으로 옮기자 인구가 빠져나간 지역에서는 인구 부족 문제가 발생하였다. 다시 이 문제를 해결하기 위해서 하삼도(충청도, 전라도, 경상도) 주민들을 이곳으로 이주시켜 부족한 인구를 채우게 하였는데 주로 집이 없는 유랑민이나 범죄인이 그 대상이었다고 한다.

세종은 4군 6진을 개척하고 남쪽 지역에 거주하던 사람들을 이곳에 정착시킴으로써 북방 경계를 확고하게 하려고 노력했다. 북방 영토의 개척과 관리를 확고히 하려고 했지만 이 지역에 대한 관리상의 어려움은 계속 조선 왕조를 괴롭혔다. 4군이 설치된 지역은 조선의 수도인 한양과 거리가 워낙 멀리 떨어져 있었다. 특히 이곳의 지형이 높은 산지를 이루고 있어서 사람들이 다니기가 매우 불편했다. 토지 또한 척박했으며 기후도 겨울이 춥고 길어서 농사를 짓기에 불편한 점이 많았다. 이곳을 지키는 군사들은 주둔지까지 이동하기 위해 먼 거리를 걸어야 했기 때문에 이동으로 인한 체력 소모가 심했으며, 소나 말을 중도에서 잃어버리는 경우도 많았다. 이러한 폐단으로 세조는 4군을 폐지하고 대신에 큰 진을 중심으로 북방의 경계를 관리하는 정책으로 변화를 꾀했다. 끊임없이 출몰하여 북방에 거주하는 주민들을 노략질하는 여진족에 대해 회유책을 쓰기도

▲ 〈해동지도 4군지역 강계부〉, 서울대학교 규장각한국학연구원 소장. 4군 지역으로 곳곳에 진지가 설치되어 있다.

지리 talk talk 우리나라 인구 이동의 역사

지금 이 글에서 다루고 있는 북방 변경 지역으로의 인구 이동은 방어와 개척의 목적이 강한 인구 이동으로 대부분 인구가 많은 남부에서 북방 지역으로 이주한 것이다. 그러나 이때의 인구 이동은 주민들의 자발적 이주라기보다는 국가 정책에 따른 이주였다. 대규모 자발적 인구 이동은 일제 강점기에 시작되었다. 많은 이들이 일제의 폭압을 피해 만주, 간도, 연해주로 이주하여 정착하였다. 대부분 생계유지를 목적으로 하는 경제적 이유의 이동이었으며 강제 징용 및 징병에 의한 청장년층의 유출도 많았다. 일제 강점기 후기에 들어서는 남부의 농업 지대에서 공업이 발달한 북부로 인구가 이동하였다. 일제가 만주사변을 일으키면서 자원이 풍부한 북부 지방을 전쟁 수행을 위한 병참 기지로 만들면서 북부 지방에 중화학 공업이 발달하기 시작하였다. 이곳의 공장에 취업하기 위해 많은 노동자들이 북부 지역으로 이주하였다.

해방이 되면서 해외에 거주하던 많은 사람들이 국내로 복귀하였는데 이들은 주로 중남부의 도시에 정착하였다. 6·25전쟁이 발발하면서 많은 피난민이 남부로 이동하였으며 특히 부산은 몰려드는 피난민으로 북적였다.

1960년대에는 경제 발전과 함께 산업화가 급속하게 진전됨에 따라 농어촌의 인구가 도시로 이동하는 이촌향도 현상이 본격화되었다. 1970년대에는 제1차 국토 종합 개발 계획이 대도시를 중심으로 하는 거점 개발 방식(성장 잠재력이 큰 대도시 지역에 집중 투자하여 개발하고 나중에 그 영향력을 주변으로 확장시키는 개발 방식)으로 추진되어 대도시의 인구 집중이 가속화되었다. 이에 따라 경기도와 대도시는 전입 초과가, 나머지는 전출 초과가 나타났다. 대도시로 인구가 몰려들면서 대도시는 과밀화로 주거 문제, 환경 문제 등 도시 문제가 심각한 수준에 이르게 되었다. 이와 함께 대도시의 인구가 주변의 위성 도시로 빠져나가는 교외화 현상이 두드러졌다. 오늘날 우리나라는 인구의 절반이 국토면적의 10퍼센트에 불과한 수도권에 집중되어 있어 국토의 불균형 현상이 심각한 상태이다.

했지만 대규모 정벌정책을 추진하기도 했다. 이 정벌의 책임을 맡은 신숙주는 두만강을 건너서 여진족 430여 명을 사살하고 1000필의 소와 말을 노획하는 성과를 거뒀다. 그러나 이후에도 여진족의 출몰은 지속되었다. 세조는 지속적으로 출몰하는 여진족을 방비하기 위해서 대대적인 사민정책을 추진하여 경상도, 충청도, 전라도의 주민을 평안도, 황해도, 강원도로 이주시켰다. 이때는 주로 가난한 사람이나 범죄자가 아닌 부유한 농민들을 이주시켰는데 이주 후 안정적인 정착을 위해서였다. 또한 이주자들의 안정적인 정착을 위한 대책도 마련하였다. 세조 이후에도 남방 주민들의 북방 이주는 지속적으로 시행되었다.

여진족과 같은 이민족이 우리의 북쪽 경계를 넘기도 했지만 생활이 어려워진 우리나라의 주민들 역시 두만강 넘어 만주 지역에서 거주하기도 하였다. 만주 지역은 청나라의 뿌리가 있던 곳이다. 청나라는 이곳에 대한 경계를 확정하려고 하였다. 그래서 조선 숙종 때 백두산 주변 양국의 경계를 기록한 비석을 세우게 되는데 이것이 백두산 정계비이다. 백두산 정계비에 나오는 토문土門 강의 해석을 두고 우리나라와 중국 사이에 논란이 존재한다. 이 부분은 3부에서 상세히 다룰 것이다.

영토는 한 나라의 삶의 터전으로 그 나라 사람의 생활과 문화, 생산의 공간이 된다. 세종대왕은 기후가 한랭하고 높은 고도의 산지가 많아 사람이 살기 어려웠으며 끊임없는 북방 민족의 침략을 받았던 우리 국토의 북쪽 변방에 진을 구축하고 남쪽의 주민들을 이주시켜 확실한 우리 국토로 만들었다. 그 이후 우리 조상들은 그 변방을 지속적으로 관리하고 비석을 세워 우리 영토임을 확실하게 하였다. 이런 조상들의 노력 덕분에 오늘날 우리가 이 땅의 주인으로 살고 있는 것이다.

한반도의 면적은 대략 22만 제곱킬로미터로 러시아의 77분의 1, 중국의 43분의 1에 불과하다. 그러나 한반도는 다양한 기후와 지형, 독특하고 아름다운 자연경관을 간직하고 있으며 오랜 세월에 걸쳐 만들어진 우리 민족의 문화가 담겨 있다. 그래서 우리는 조상들이 목숨 걸고 지켜온 우리 영토의 단 한 뼘이라도 양보할 수 없으며, 또한 그 영토를 소중하게 관리하고 지켜나가야 할 책무가 있다.

더 알아보기 **인류의 역사를 바꾼 아메리카 대륙으로의 인구 이동**

아메리카는 1492년 콜럼버스가 처음 발견하기 전까지 구대륙 사람들에게는 미지의 대륙으로 남아 있었다. 아메리카 대륙이 유럽에 알려지면서 많은 유럽인들이 아메리카 대륙으로 이주하였다. 처음 미국으로 이민을 시작한 나라는 영국이었다. 최초의 이주민들이 미국의 북동부에 정착해서 살았기 때문에 이곳을 뉴잉글랜드라고 부르게 되었다. 특히 1620년 메이플라워호를 타고 청교도들이 건너온 이후 지속적으로 영국의 청교도들이 미국으로 건너오게 되었다. 초기에 미국으로 건너온 유럽인들은 주로 정치적, 종교적 억압을 피해서 이주한 사람들이다. 1660년경에는 계약에 따른 노역자로 아프리카 흑인의 이주도 시작되었다. 불행히도 이들은 나중에 노예로 전락하였다.

1783년 미국이 영국으로부터 독립하면서 미국으로의 이민은 급격히 증가하였다. 대부분이 영국, 독일, 스칸디나비아에서 이주한 사람들이다. 1840년 아일랜드에 감자 기근이 일어나면서 가난한 아일랜드인이 새로운 기회의 땅으로 대거 이주하였다. 톰 크루즈와 니콜 키드만이 출연한 유명한 영화 〈파 앤드 어웨이〉는 아일랜드인의 미국 이주를 주제로 하고 있다. 초기의 이민자들은 주로 유럽과 가깝고 기후가 비슷한 미국의 북동부 지역에 정착하였다. 그러나 인구가 증가하면서 이민자들은 점차 남부와 서부의 새로운 땅을 개척해 나갔다.

아프리카에서 건너온 아프리카계 미국인들은 주로 농장이 많았던 미국의 남부에 정착했다. 기후가 온화한 미국의 남부에는 목화를 비롯한 대규모의 플랜테이션 농장들이 많이 분포했다. 농장에서 일을 할 노예로 아프리카 출신의 흑인들이 이곳으로 유입되었다. 《톰 아저씨의 오두막집》, 《톰 소여의 모험》

등 미국 남부를 배경으로 하고 있는 소설을 보면 당시 흑인 노예들의 생활을 엿볼 수 있다. 1861~1865년 사이에 발발한 남북 전쟁은 노예제를 찬성하는 남부와 이를 폐지하자는 북부 사이에 일어난 전쟁이다. 남북 전쟁의 결과 노예제는 폐지되었지만 많은 아프리카계 이주민들은 여전히 남부에 남게 되었다. 오늘날 아프리카계 미국인의 80퍼센트가 아직도 미국 남부에 살고 있다. 미국 남부를 대표하는 도시인 뉴올리언스는 재즈 음악으로 유명하다. 차별받던 아프리카계 미국인들이 모여서 기존의 음악에 그들만의 색채를 혼합해 독특한 장르를 만든 것이다.

1890년대 이후부터 1914년까지는 남부 유럽과 동부 유럽 사람들이 미국으로 이주하기 시작했다. 특히 이탈리아, 오스트리아, 헝가리, 러시아 등지에서 미국으로 대거 이주했다. 이들은 대부분이 글을 읽을 줄 몰랐고, 특별한 기술이나 지식이 없었기 때문에 미국의 하층민으로 살아갔다. 먼저 미국으로 들어온 이민자들이 떠나버린 도시의 빈민가를 이들이 차지하게 되었으며 주로 도시의 비숙련 노동자나 건설현장 노동자로 일했다. 이들은 이전에 이주했던 사람들과 옷차림, 말투, 용모 등이 달랐으며 서로 융합하는 데 많은 시간이 걸렸다고 한다. 유명한 영화 〈대부〉 시리즈나 〈원스 어폰 어 타임 인 아메리카〉를 보면 가난한 이탈리아 이주민들의 삶이 잘 그려져 있다.

1820년에는 중국인들의 미국 이주가 시작되었다. 특히 1848년 캘리포니아에서 금광이 발견된 이후 대거 이주가 이루어졌으며 이들은 광산과 대륙횡단철도 건설에 참여하여 열심히 일하였지만 심한 인종 차별을 경험하였다. 중국인들이 아니었으면 아마 미국 서부 개척의 역사는 훨씬 늦어졌을 것이다. 미국의 서부를 대표하는 도시인 샌프란시스코에는 세계 최대 규모의 차이나타운이 있는데, 미국인지 중국인지 혼동될 정도로 중국인들이 많다. 이 도시 인구의 20퍼센트를 중국인이 차지하고 있다.

최근 미국으로의 이민이 가장 활발한 지역은 멕시코를 비롯한 남미 지역이다. 이들은 '히스패닉'이라고 하는데 스페인어를 말하고 스페인 성姓을 사용하는 사람들이란 뜻이다. 주로 미국 내에서 노동직, 특히 3D 업종을 담당하고 있는데 이들이 없으면 미국의 경제가 돌아가지 않는다고 할 만큼 영향력이 커지고 있다. 히스패닉은 그들이 이주해온 지역과 가까운 멕시코 국경 부근에 주로 거주하고 있다.

여러 국가에서 다양한 인종이 이주한 북미와 달리 남미는 스페인과 포르투갈인들이 주로 이민을 했다. 그 결과 남미는 스페인어와 포르투갈어가 주로 사용되고 있으며 종교도 이 두 국가에서 신봉하는 로마 가톨릭교를 주로 믿는다. 그 밖에도 투우, 탱고 등 이베리아 반도의 라틴 문화가 남미에 전파되었다. 처음 스페인의 군대를 발견한 이곳의 원주민들은 이들을 하늘의 신으로 생각하고 극진히 대접했다. 하지만 스페인 군인들은 원주민들을 살해하고 많은 보석을 약탈해 갔다. 이후 이곳을 자신의 식민지로 삼아 자원을 착취하고, 이곳에 거대한 농장을 건설하여 이들의 노동력까지 착취했다. 농장에 필요한 노동력이 부족하자 아프리카의 흑인들을 사냥하여 노예로 들여왔다. 오늘날 남미에는 이곳의 원주민인 인디오와 유럽계 백인 그리고 아프리카계 흑인들이 다양한 혼혈을 이루며 살고 있다. 인디오와 백인의 혼혈은 메스티소라 불리며, 흑인과 백인 혼혈을 뮬라토, 인디오와 흑인의 혼혈을 삼보라고 한다. 국가마다 인종의 분포에 차이가 나는데 주로 멕시코를 비롯한 중남미에는 혼혈의 비율이 높으며, 과거 잉카 제국의 수도가 있던 중부 안데스 산지의 페루는 원주민인 인디오의 비율이 높고, 남부의 아르헨티나와 우루과이는 유럽계 백인의 비율이 높다. 혼혈의 비율이 낮은 북미에 비해 남미 국가에서 혼혈이 많은 이유를 한마디로 설명할 수는 없다. 하지만 라틴계 유럽인들은 인종에 대한 편견이 상대적으로 적었고, 가족 이민보다는 독신 이민이 많았으며 낙태를 금지하는 가톨릭의 교리의 영향도 있었던 것으로 보인다.

이순신은 어떻게 전술의 귀재가 되었나?

선조 25년인 1592년 4월 13일, 도요토미 히데요시의 휘하 장수 고니시가 이끄는 일본 침략군이 부산 앞바다에 나타났다. 임진왜란[1]의 시작이었다. 우리나라에 발을 디딘 일본군은 파죽지세로 몰아쳐 들어왔는데, 부산에서 한양으로, 한양에서 평양으로 밀어붙인 속도가 정말 빨랐다. 침략 하루 만인 4월 14일에 부산성이 함락되고 4월 15일에 동래성이 함락되었다. 조선의 양대 명장이었던 순변사 이일은 4월 25일 상주에서 패배하였고 신립은 4월 28일 충주 탄금대에서 패배하였다. 선조는 4월 30일 새벽에 한양을 버리고 피난길에 나섰고, 5월 1일에 개성

1 임진왜란은 7년간의 전쟁이다. 1592년에 일본이 우리나라를 침략하여 임진왜란을 일으켰고, 이 전쟁은 2년간 지속되었다. 이후 명나라가 개입하여 휴전을 했는데, 3년간의 휴전 후 일본은 정유년에 다시 정유재란을 일으켜 2년간 전쟁을 치렀다. 이 책에서는 1592년의 임진왜란부터 1597년의 정유재란을 일괄하여 임진왜란이라고 칭하겠다.

에 도착했다. 한강 방어선은 5월 2일에 무너졌고, 5월 3일에 일본군은 한양에 무혈입성했다. 놀란 선조 일행은 5월 7일에 평양으로, 6월 11일에는 평양을 떠나 압록강 옆에 있는 의주까지 이동하였다. 6월 22일에 의주에 도착한 선조는 명나라에 귀화하기를 희망했다고 하니, 우리나라의 운명은 말 그대로 풍전등화나 다름이 없었다. 요즘처럼 자동차가 없던 시절이라 장수는 말을 타고 병사들은 걸어서 이동했을 것을 생각하면, 일본군의 진격은 정말 놀라울 만큼 빠른 속도로 이루어졌다. 그런데 더 놀라운 일은 그다음에 일어났다. 6월 25일에 평양성을 점령한 일본군이 북상을 포기하고 진군을 멈춘 것이었다. 선조는 이미 도망갈 준비를 끝냈고, 군사들도 의욕을 잃은 지 오래였다. 도대체 어찌 된 것일까? 단숨에 우리나라를 점령할 것만 같던 일본군이 멈춘 까닭은 무엇이었을까?

군인도 먹어야 싸운다

과거의 전쟁에서 중요한 요소는 무엇이었을까? 요즘은 버튼 하나로 미사일을 발사할 수 있는 시대이니 뛰어난 무기만으로도 속전속결의 전쟁이 진행될 수 있을지 모르지만, 과거의 전쟁이야 어디 그런가. 용감한 맹장이나 적의 허를 찌르는 지략도 중요했지만, 전쟁이란 자고로 군인들이 앞으로 나아가면서 땅을 확보하는 싸움이었다. 여기서 우리가 간과하면 안 되는 사실은 바로 군인도 사람이고, 사람은 먹어야 싸울 수 있다는 점이다. 따라서 식량과 군수 물자를 보급하는 일은 전쟁을 지속하는 데 매우 중요한 작전이었다.

일본군은 임진왜란을 일으킬 당시 승리를 낙관한 것으로 보인다. 서양 총포술의 영향으로 당시 신무기였던 조총으로 무장한 데다가 섬나라 출신이었으므로 해전에 자신만만했다. 일본군은 일단 육지에 상륙한 후 빠르게 북쪽으로 진격하고, 군인들이 먹을 식량과 총알 등의 군수 물자는 해군을 이용하여 보급할 계산을 하였다. 부산 앞바다에서 남해안을 거쳐 서해를 돌아 배로 이동하면 빠른 시간 안에 많은 양의 물자를 수송할 수 있기 때문이다. 이 계획이 수포로 돌아간 것은 임진왜란 내내 단 한 번도 패하지 않은 무패의 장수, 이순신 때문이다. 만약 이순신에 의해 일본군의 물자 보급로가 차단되지 않았다면 임진왜란의 역사는 완전히 다르게 쓰였을 것이다.

이순신이 일본군을 처음 맞닥뜨린 곳은 1592년 5월 7일 거제도 앞바다인 옥포였다. 학익진 전술과 함포 공격을 앞세운 우리 해군은 적선 26척을 바다에 가라앉혔는데, 이는 육해군을 통틀어 임진왜란에서 거둔 최초의 승리였다. 이후 이순신은 사천포, 당포 해전 등에서 승리하며 일본군을 제압하였고, 1592년 7월 8일, 한산도 앞바다에서 와카사카 함대 70여 척과 마주하게 된다. 다음 지도를 보면 옥포와 한산도의 위치를 알 수 있다.

이순신은 싸우기에 적합한 장소를 물색 후 일본의 대 함대를 좁은 견내량[2]에서 한산도 앞바다로 유인하였다. 적선이 한반도 앞바다로 추격해오

2 거제도와 통영만 사이에 있는 좁은 해협

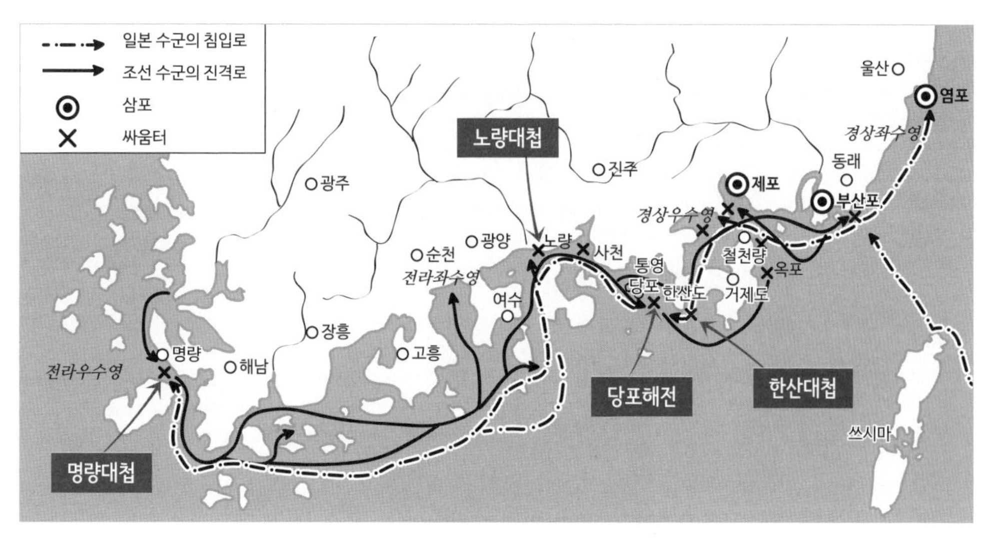

▲ 임진왜란 해전도

자 기다리고 있던 아군의 전선이 일제히 학익진鶴翼陣을 펼치며 적군을 포위하였다. 학익진이란 학이 날개를 펼친 형태로 좌우로 길게 진법을 펴는 것을 말한다. 우리 군은 일본군에 학익진으로 대치하며 일제히 함포 사격을 퍼부었다. 날개를 펼치듯 포위망을 유지하며 함포와 화살 공격을 가한 전술은 매우 유효했다. 일본군은 배를 버리고 한산도로 도망치기까지 하였다. 달아나던 배들도 어려움을 겪었는데, 이는 한산도 앞바다의 수많은 섬들이 숨은 병사 역할을 해주었기 때문이다. 한산도 앞바다는 넓지만 주변에 섬이 매우 많기 때문에 정신없이 퇴각하는 일본군의 진로를 방해했던 것이다. 무려 적선 60여 척을 침몰시킨 이 전투에서 아군의 전선은 한 척도 훼손되지 않았다. 이것이 바로 임진왜란 3대 대첩[3] 중 하나인 한산도대첩이다.

이후에도 이순신은 일본 수군이 전라도를 거쳐 서해로 진출하는 길목을 모두 막았다. 그 결과 바다를 통해 육지 군대에 물자를 보급하려던 일본군의 계획은 무너졌다. 보급로가 차단되어 식량과 물자가 부족해진 일본군은 어쩔 수 없이 북상을 멈추고 주춤할 수밖에 없었다. 반면 우리나라에서는 의병이 활발하게 일어나고 육군이 재정비를 갖추어 반격을 시작할 수 있었다.

남해안에는 왜 이렇게 섬이 많은 걸까?

이순신은 한산도대첩에서 유리한 위치로 적군을 유인하는 지략을 펼쳤다. 그는 우리나라 바다를 익숙하게 잘 알았고, 그렇기 때문에 전투에 유리한 지형지물을 적극적으로 활용할 수 있었다. 한산도대첩에서 학익진이 효과를 거둘 수 있었던 것도 한산도 앞바다의 수많은 섬들과 관련이 있다. 한산도 앞바다는 해안선의 굴곡이 심하고, 남쪽으로 만지도, 해갑도, 유자도, 연대도, 오곡도, 비진도, 용초도 등의 섬들로 둘러싸여 있다. 이순신은 이러한 지형을 유리하게 이용하고 학익진이라는 전술을 사용하여 한산도대첩을 승리로 이끌었다. 작은 만과 포구들, 크고 작은 섬들이 곳곳에 있는 한산만의 지형에 익숙하지 못했던 일본군의 참패는 당연한 일이었다.

3 임진왜란 3대 대첩은 한산도대첩, 행주대첩, 진주성대첩이다.

그런데 우리나라의 해안선을 가만히 보면 섬이 많은 곳이 이곳 한산도뿐만이 아니다. 전라남도의 다도해 해상국립공원부터 한려 해상국립공원까지 무수히 많은 섬들이 있다. 좀 더 정확하게 말하자면 해안선의 굴곡이 복잡하고 섬이 매우 많다. 우리나라 서해안과 남해안의 해안선이 이렇게 복잡하고 섬이 많은 이유는 무엇일까? 이는 산맥의 방향과 관련이 깊다.

우리나라의 등줄기 산맥인 태백산맥은 동해안에 평행하게 남북으로 길게 뻗어 있다. 반면 서해안과 남해안의 산맥들은 중국 방향으로 비스듬히 가로놓여 있는 형상이다. 산맥과 산맥의 사이에는 고도가 낮은 평야나 하천이 형성되기 마련이다. 따라서 서해안 쪽으로는 해안선과 교차하여 산줄기와 평야, 혹은 하천이 번갈아 나타난다. 이 상태에서 해수면이 상승하면, 산맥 사이의 낮은 하천 부분에는 바닷물이 들어차고 높은 산줄기는 땅으로 남아 드나듦이 복잡한 해안선이 형성된다. 또 바다를 향해 뻗은 산줄기 중 유독 높은 봉우리들은 바닷물에 다 잠기지 않아서 섬으로 남게 된다.

이렇게 하천이 침식한 골짜기에 바닷물이 들어차 형성된 굴곡이 심하고 섬이 많은 해안선을 리아스 해안, 혹은 리아스식式 해안이라고 한다. 리아Ria는 옛날 에스파냐 북서부 갈리시아 지방에서 쓰던 말로 바다와 만나는 강의 하구를 가리킨다. 갈리시아 지방에는 수많은 리아들이 반복되어 나타나서 복수형으로 리아스Rias라 일컬었는데, 세계 어느 곳이든 에스파냐 북서부 해안과 같이 굴곡이 심한 해안선을 리아스 해안, 혹은 리아스식 해안이라고 부르게 된 것이다. 우리나라의 남해안과 서해안이 바로 이 리아스식 해안에 해당한다.

오래전부터 한반도를 지탱해온 산줄기와 해수면의 상승이 만들어놓은 리아스식 해안이 임진왜란 당시 이순신 장군을 도와 일본군을 물리친 숨은 병사가 되었다. 복잡한 해안선과 수많은 섬들이 지니는 특성은 1597년 울돌목에서 벌어진 명량대첩에서도 유감없이 발휘되었다.

울돌목이 가진 힘, 명량대첩과 조류 발전소

3년간의 휴전이 끝나고 정유재란이 발발하였을 때 이순신은 백의종군 중이었다. 모함을 받아 관직에서 파면당하고 옥살이를 마치고 나온 상태였다. 그러나 1597년에 원균이 칠천량 해전에서 대패하여 겨우 12척의 배만 남았을 때, 선조는 백의종군하던 이순신을 다시 삼도(충청, 전라, 경상) 수군통제사로 임명하였다. 조정은 이순신을 수군통제사로 재임명하기는 했지만, 우리나라 수군이 이미 쇠락했다고 판단하고 이순신에게 해전보다는 육지에서의 전쟁을 도모하라고 이른다. 이에 대한 이순신의 답변이 매우 유명하다.

"임진년으로부터 5~6년 동안 적이 감히 충청도, 전라도를 바로 찌르지 못한 것은 우리 수군이 그 길목을 누르고 있었기 때문입니다. 지금 신에게는 아직도 12척의 배가 남아 있나이다. 나아가 죽기를 각오하고 싸운다면 해볼 만합니다."

12척의 배로 전쟁에 나서겠다는 용기는 어쩌면 무모해 보일 수 있다. 차라리 용기가 아니라 배짱이라고 불러야 맞을지도 모르겠다. 그런데도 이순신은 이런 불리한 상황 속에서 울돌목의 해류와 지형을 이용하여 세계에 유례가 없는 승리를 거두었다. 울돌목은 전라남도 진도군과 해남군 사이의 좁은 해협으로 물살이 빠르고 그 소리가 요란해서 바닷물이 우는 것처럼 들린다 하여 울돌목이라고 불렸다. 한자로는 鳴梁(명량)이라고 한다.

1597년 9월 16일 진도 앞바다 울돌목. 이순신의 판옥선은 한 척이 더해져 모두 13척이었다. 적선의 수는 자그마치 130여 척이었다. 두려움에 떠는 병사들에게 이순신은 "한 사람이 길목을 막아 지켜도 능히 천 사람을 두렵게 할 수 있다 했는데 이곳이 바로 그런 곳이다. 자! 돛을 올려라!"라고 독려하였다. 이를 보면 이순신은 울돌목의 지형을 어떻게 유리하게 활용할지 정확하게 알고 있었던 셈이다.

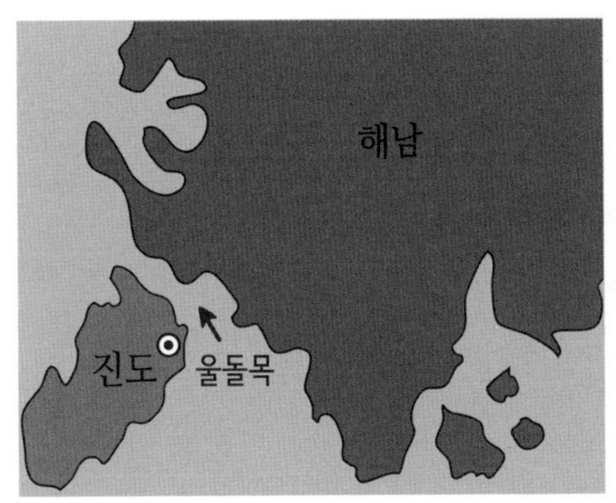

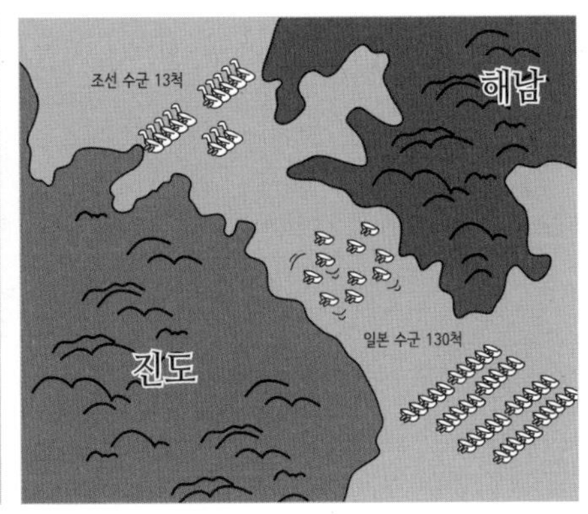

▲ 울돌목의 위치(좌)와 명량대첩 해전도(우)

울돌목의 지형이 앞의 그림에서 보이는 바와 비슷하다 보니 일본 수군은 전선 수가 많아도 조선군을 포위할 수가 없었던 것이다.

이순신이 울돌목을 선택한 첫 번째 이유가 바로 포위가 불가능할 만큼 좁은 해협이었다면 두 번째 이유는 바로 빠른 물살이다. 이곳은 썰물 때 조류가 북쪽과 동쪽에서 합쳐져 소용돌이치면서 남쪽으로 흐르는데 그 유속이 매우 빠르다. 또한 조수간만의 차가 크고 시간에 따라 조류의 방향이 바뀌기 때문에 이 점을 알지 못했던 일본 수군은 크게 당황하였을 것이다. 빠른 물살로 방향을 잃고 역류에 휘말리며 아마 저희들끼리 서로 부딪치거나 바위에 깨져나가기도 했을 것이다. 이순신은 함포 사격에 이어 판옥선을 이용한 충돌 공격으로 일본군을 혼란에 빠뜨렸다. 우리나라 배인 판옥선은 일본 배에 비해 밑 부분이 평평한 평저형 구조여서 남해, 서해처럼 조수간만의 차가 심한 곳에서 안정적으로 기동하기에 알맞았다. 반면 적선은 빠른 조류에 휩쓸리며 균형을 잃고 서로 부딪쳤고, 함포 사격을 피해 울돌목에서 빠져나오느라 우왕좌왕하였다. 단 13척의 배로 130여 척(학자에 따라서는 330여 척)의 적선을 물리친 이 승리로 인해 일본군의 서해 진출은 다시 한 번 저지당했고, 전쟁의 흐름 또한 바뀌었다.

명량해전을 승리로 이끄는 데 도움을 준 이 울돌목의 빠른 물살은 현재 우리나라의 대체 에너지 연구에도 기여하고 있다. 울돌목을 가로질러 설치된 조류 발전소는 빠른 물살을 이용해서 터빈을 돌리고 이 운동에너지를 이용하여 전기를 생산하는 재생에너지 발전 시설이다. 현재 경제성을 갖추기 위해 연구를 계속하고 있다. 우리나라 해안의 특징을 잘 활용하여 불리한 전쟁을 승리로 이끌었던 이순신 장군의 지혜가 현재의 대체 에너지 개발에도 이어지길 바라본다.

더 알아보기

선조 때문에 생긴 판문점

▲ 판문점에서 손을 맞잡기 위해 다가서는 문재인 대통령과 김정은 국무위원장(출처: 한국공동사진기자단)

이 사진의 배경은 어디일까? 2018년 전 세계의 이목이 집중되었던 바로 그 장소, 판문점이다. 사진 속에서 문재인 대통령과 김정은 국무위원장은 서로 손을 맞잡기 위해 다가서고 있다. 군사분계선을 사이에 두고 왼쪽 흙바닥이 북한, 오른쪽 자갈바닥이 남한이다. 2018년 4월 27일, 남북 분단을 상징하는 장소 판문점에서 남북의 두 지도자는 '판문점 선언'을 발표하였다.

판문점은 두 개의 주소를 갖고 있다. 하나는 경기도 파주시 군내면 조산리이고, 다른 하나는 황해북도 개성특급시 판문점리이다. 세계 유일 분단국가인 남한과 북한이 공유하는 공동의 장소, 민족의 화합을 위한 무대가 되는 곳이 바로 판문점의 현재 모습이다. 그런데 우리나라 역사 속 판문점의 과거에도 우리 민족의 염원이 담긴 흥미로운 에피소드가 숨겨져 있다.

임진왜란이 일어난 1592년 4월, 믿었던 명장 신립마저 일본군에게 참패를 당하자, 선조는 서둘러 '몽진'을 결정한다. 몽진蒙塵은 머리에 먼지를 쓴다는 뜻으로 임금이 난리를 피하여 안전한 곳으로 이동하는 것을 말한다. 피신하는 임금의 머리가 먼지로 덮인다니, 나라의 운명이 일촉즉발의 상황에 놓였음을 비유적으로 이르는 말일 것이다. 선조 역시 임진왜란 발발 후 몽진을 결정하였다. 그 길이 두려움에 떠는 도피였든, 일단 위험을 피한 후 훗날을 도모하기 위한 전술이었든, 먼 길 떠나는 발걸음이 가볍지는 않았을 것이다.

그러나 의주를 향하여 가던 선조의 가마는 파주를 지나 얼마 가지 못하고 멈추고 만다. 때마침 쏟아진 비로 임진강 강물은 불어 있었고, 근처에는 나룻배도 없었기 때문이다. 이 강물을 어떻게 건널 것인가 고민하고 있을 때 생각지도 못했던 광경이 펼쳐진다. 근처에 사는 백성들이 자기 집의 대문을 뜯어다가 강을 가로지르는 다리를 놓아준 것이다. 널빤지로 만든 평평한 대문은 그대로 눕혀서 연결만 하면 다리가 되니, 기둥을 세울 몇 개의 목재만 구하면 빠른 속도로 다리를 만들 수 있었을 것이다. 전쟁을 맞아 도성을 버리고 피난하는 왕, 그 길을 가로막는 도도한 물길, 그 물길을 넘어 왕을 돕는 백성들의 마음, 그날 널빤지 다리 앞에서 이것들은 절실하게 서로를 마주했을 것이다.

널빤지 대문으로 만든 다리를 건넌 선조는 강을 건너자마자 일본군이 같은 방법으로 강을 건널 수 없도록 나루와 다리를 없애고, 인근의 민가를 모두 철거시켰다. 이때부터 이 지역은 '널빤지로 만든 대문'이 있었던 곳이라고 해서, '널문리'라고 불렸다. 《선조실록》 25년(1592년) 5월 1일에는 "임금이 동파관東坡館을 떠나 판문板門에서 점심을 들었다."라고 기록하고 있다. '판문'은 '널문리'의 한자식 표현이다. 이렇게 다리를 건넌 선조는 이순신 장군이 이끄는 수군과 의병들의 활약, 명나라의 참전 등으로 전세가 바뀌자 1년 6개월 만에 한양으로 돌아와 조선을 다스렸다.

판문의 위치는 부산에서 서울을 거쳐 평양, 의주로 이어지는 한반도 1번 국도의 길목에 자리잡고 있다. 조선시대까지도 한양에서 의주를 거쳐 중국으로 향하는 중요한 위치였음은 마찬가지이다. 판문이라는 지명은 이후 판문교板門橋, 판문평板門平이라는 지명으로 조선 시대의 역사서와 지도에 종종 등장한다. 이러한 널문리가 우리에게 익숙한 판문점板門店으로 불리게 된 것은 1951년 10월 25일 이곳에서 휴전 회담이 시작되면서부터이다. 회담은 주막을 겸한 조그마한 가게에서 열렸는데, 그 이름이 '널문리 가게'였다고 한다. 휴전회담 당사국인 중국을 위해 이 회담 장소를 한자어로 표기하는 과정에서 '판문점'이란 이름이 정착하게 된 것이다.

1953년 7월 27일 판문점에서 휴전 협정이 체결되었고, 판문점에는 휴전선에서 유일하게 철책을 두르지 않은 구역인 공동경비구역JSA, Joint Security Area이 만들어졌다. 그 이후 오랜 세월 분단의 상징이 되어 왔던 판문점에서 남한과 북한의 두 지도자가 평화와 통일을 염원하는 판문점 선언을 한 것이다. 이 자리에서 문재인 대통령은 "이제 이 강토에 사는 그 누구도 전쟁으로 인한 불행을 겪지 않을 것이다. 우리가 함께 손잡고 달려가면 평화의 길도 번영의 길도 통일의 길도 성큼성큼 가까워질 것"이라고 강조하였다.

임금의 피난길을 도왔던 백성들의 마음으로 만들어졌다가 민족 분단의 상징이 되었던 곳, 그리고 이제는 분단의 상징에서 평화의 상징으로 변화하고 있는 곳이 판문점이다. 험한 강물 위에 없던 길을 만들어냈던 장소인 판문점이 지금은 민족의 평화와 안녕, 공동 번영으로 가는 길을 앞장서서 열고 있다. 앞으로 이곳에는 어떤 의미가 부여될까? 바야흐로 우리는 판문점이 역사가 되는 시기에 살고 있다.

권율과 신립, 두 장수의 차이는 무엇이었나?

"장군, 왜적이 물 한 지게를 보내왔습니다."

부하 장수 한 명이 걱정스런 목소리로 말했다.

"물이 떨어져 병사들이 마실 물조차 부족한 상태입니다. 적이 이를 알고 우리를 조롱하며 포위를 풀지 않고 있습니다. 이대로 있다가는 우리 스스로 항복할 수밖에 없을 지경입니다."

다른 부하 장수도 낙담하며 말을 보탰다. 이때 장군이라는 자가 한 말이 놀랍다.

"그러하냐? 그렇다면 지금 당장 성 가장자리에 말들을 세우고 성 안에 남은 쌀을 모조리 가져와 말 등 위에 쏟아부어라!"

"예? 그게 무슨 말씀이십니까? 병사들이 먹을 쌀을 말 등에 부으라는 말씀이십니까?"

부하가 놀라서 되물었을 것은 당연하다. 긴 지구전 끝에 병사들이 먹을 쌀과 물도 부족해진 마당에 성 안에 남은 쌀을 모두 모아다가 말 등을 씻기라니, 도대체 이런 명령이 어디 있단 말인가? 그런데 놀라운 것은 쌀로 말 등을 씻기자 왜적이 포위망을 풀고 퇴각하였다는 사실이다. 물론 조선군은 기마병 1000여 명을 풀어 적의 퇴로를 기습, 적에게 큰 피해를 입혔다.

이 거짓말 같은 작전은 임진왜란이 일어난 1592년 12월 독산성 전투에서 있었던 일화이다. 그리고 어처구니없는 명령을 내렸던 장군은 바로 전라감사 권율이었다.

선조는 이 승전을 기념하여 독산성에 세마대洗馬臺라는 장대를 설치했는

▲ 독산성에 세워진 세마대(출처: 오산시청)

데, 현재는 6·25전쟁으로 소실된 것을 복원해놓은 상태이다. 경기도 오산시에 있는 전철역 중 하나인 세마역의 이름도 이 독산성 전투에서 유래하였다. 세마대는 '씻을 세', '말 마' 자를 써서 '말을 씻기던 곳'이라는 뜻이다.

왜장이 권율의 꾀에 속아 넘어간 이유는?

1592년 4월 13일에 부산에 상륙한 일본군은 전광석화 같은 속도로 진격을 거듭하여 5월 3일에 한양을 함락시켰다. 그러나 5월 7일 옥포해전 이후 일본군의 보급로를 족족 차단하는 이순신에 막혀 전쟁이 고착 상태에 이르렀다. 한편 1592년 12월, 전라감사 권율은 한양 수복 작전을 펼치기 위해 군사 1만 명을 이끌고 북상하여 수원 아래쪽의 독산성에 주둔하였다. 이 소식을 들은 일본군 총사령관 우키다 히데이에는 권율의 부대가 후방의 보급로를 차단할 것을 걱정하여 3만 대군을 보내어 독산성을 공격하기에 이른다. 일본군은 독산성 주위에 진을 치고 조선군을 고립시킨 다음 공격해왔지만, 권율은 매복과 기습전을 펼치며 성을 지켰다. 그러자 일본군은 산성 안에 물이 떨어지기를 기다렸다가 물 한 지게를 성 위로 올려 보내 항복을 회유한 것이었다. 실제로 당시 산성에는 물이 매우 부족하여 식수난에 허덕였으나, 권율은 이를 감추기 위해 쌀로 말을 씻는 시늉을 하였다. 이 광경을 지켜본 왜장은 말을 씻길 만큼 산성에 물이 많이 남아 있는 것으로 판단하여 퇴각을 결정하였다.

여기서 궁금한 포인트는 적장이 권율의 작전에 왜 속았는가 하는 것이

▲ 독산성

다. 말 등 위로 쏟아지는 것이 물인지, 쌀인지 구분할 수 없었다는 것은 좀 억지스럽기까지 하다. 그런데 이 속임수를 이해하기 위해서는 독산성의 지형을 먼저 알아야 한다.

독산성禿山城은 높이 208미터의 나지막한 산 위에 위치한 돌로 된 성이다. 산은 높지 않지만, 오산과 수원, 화성에 걸쳐 펼쳐진 평야 한가운데 우뚝 솟아 있어 주변을 두루 살필 수 있는 요충지에 위치한다. 독산성은 백제 시대에 축성되어 통일 신라와 고려를 거쳐 임진왜란 때까지 계속 이용된 것으로 추정된다. 그런데 어떻게 산 위에 성을 축조하고 군사를 주둔시킬 수 있었을까? 이러한 일은 산 위가 평평해야만 가능할 텐데, 우리

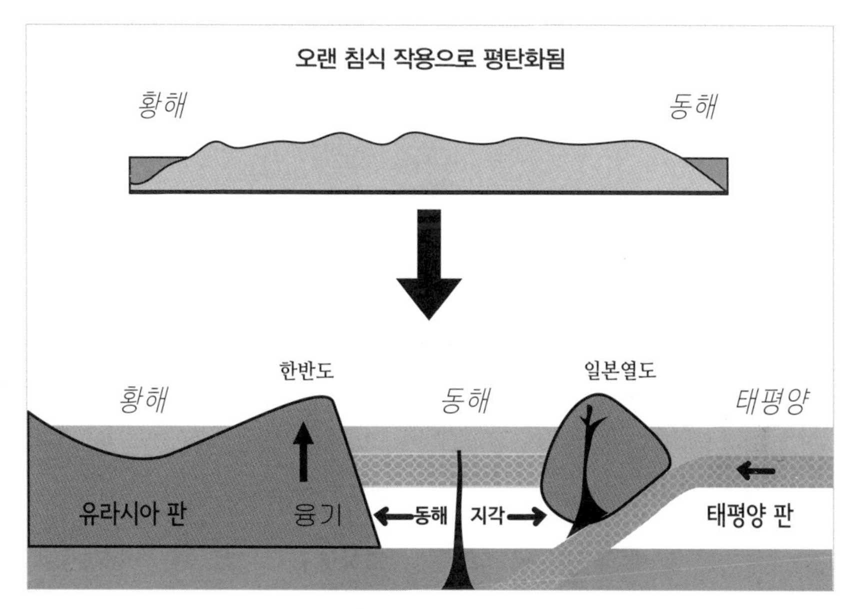

▲ 경동성 요곡운동의 원리

가 흔히 보는 산꼭대기는 원래 뾰족한 형상이 아닌가?

우리나라에서 발견되는 이러한 지형, 즉 높은 고도에 평탄면이 나타나는 지형은 신생대 제3기 말에 일어난 경동성 요곡운동傾動性 撓曲運動과 관련이 깊다. '경동'이란 말은 '기울 경', '움직일 동' 자를 써서 지각이 한쪽으로 기울어지게 움직였다는 뜻이다. 지형이 기울어져 있으니 결과적으로 한쪽은 높고 급한 면을 이루고, 다른 쪽은 낮고 완만한 면을 이루게 될 것이다. '요곡운동'이라는 말은 '휘어질 요', '굽을 곡' 자를 써서 지각이 아래에서 위로 융기하며 휘어지는 운동을 뜻한다. 즉 경동성 요곡운동이란 '지각이 아래에서 위로 융기할 때 한쪽으로 기울어지게 휘어져서 비대칭

▲ '평' 자가 들어간 강원도 대관령 부근의 지명

적인 경사를 갖게 된 운동'이라고 생각할 수 있다.

우리나라의 경동성 요곡운동은 신생대 제3기 말에 동해 지각이 확장되며 옆으로 밀리는 압력으로 인해 일어났다. 동해 지각이 확장되는 힘의 영향을 받은 것이라 이 운동의 결과로 우리나라는 융기축이었던 동해안 쪽은 높고 융기 영향이 작았던 서쪽은 낮은 '동고서저' 지형, 즉 경동지형을 갖게 되었다. 그런데 융기 전의 한반도의 지형은 중생대 중기 이후 별다른 지각 운동 없이 오랜 세월 동안 침식작용이 일어나 평탄화된 상태였다. 이 상태에서 경동성 요곡운동이 일어나자 지반이 융기하면서 과거의 평탄했던 부분이 완전히 침식되어 없어지지 않고 융기한 산지에 일부 남아 있게 된 것이다.

오랜 세월 침식을 받아 기복이 작아진 평탄 지형이 신생대 제3기의 경동성 요곡운동으로 융기하여 고도 500미터 이상의 높은 위치에 남게 된 평탄면을 '고위 평탄면'이라고 한다. 고위 평탄면은 신생대 요곡 운동 이전에 한반도 지형이 평탄한 지형이었음을 증명하는 일종의 화석 지형이라고 할 수 있다. 고위 평탄면은 대관령 일대와 진안고원 등지에서 광범위하게 잘 나타난다. 강원도에서 찍은 이 표지판을 보면 '平' 혹은 '坪' 자를 쓴 지명이 많아 이 일대에 평탄한 지형이 많이 분포하고 있음을 쉽게 유추할 수 있다.

태백산맥에서 서쪽으로 갈수록 고위 평탄면은 점점 낮아지고 좁아져서, 충주 부근에서는 600~700미터, 남한산성 부근에서는 500미터 내외의 고도에 분포한다. 특히 평탄면이 산지 정상 부근에 좁게 발달하는 것을 평정봉이라고 하는데, 평정봉은 정상 부분이 평탄한 봉우리라고 해석해도 좋을 듯하다. 유명한 산성 취락인 남한산성의 정상부에 나타난 평탄 지형이 대표적인 평정봉이다. 우리나라의 산성 및 산성 취락은 일반적으로 평탄면의 유물인 평정봉에 발달하고 있다. 태백산맥으로부터 서쪽으로 뻗어 내려간 산지들은 오랜 세월 동안 침식되어 비교적 더 낮아지고 군데군데 평야가 나타났다가 또다시 산지가 나타나기도 한다. 이와 같은 산들은 '잔구殘丘'라고 부르기도 한다.

독산성의 경우도 평야 한가운데에 위치한 산 위 평탄면에 성을 축조한 것으로 군사를 주둔시켜 적을 감시하기는 좋고, 적들의 입장에서 안을 제대로 들여다보기는 힘들었을 것이다. 따라서 권율 장군의 세마대 작전은 독산성의 위치가 적을 속이기에 충분하다는 것을 확신한 권율 장군의 지략에서 수행된 것이었다. 일본군이 저 멀리 아래에서 성 위를 올려다볼 때에는 말 등에 물동이를 연거푸 부으며 목욕시키는 것으로 보였던 것이니 말이다.

《손자병법》 제1편 〈시계始計〉에는 전쟁에서 다섯 가지 요소만 따져보면 사전에 승패를 가름할 수 있다고 나와 있다. 이 다섯 가지 요소는 도道, 천天, 지地, 장將, 법法 이다.[4] 이 중 지地는 지세의 험하고 평탄함, 지역의 넓고 좁음, 지형의 유리함과 불리함 등 지리적 조건을 나타낸다. 권율의 경우 자신이 위치한 지리적 조건의 유리함을 정확하게 파악하고 그에 맞는 작전을 짰다고 할 수 있다. 권율 장군은 독산성에서 고스란히 보존한 병력을 가지고 직후인 1593년 2월 12일 행주산성에서도 큰 승리를 거두며 일본군의 진로를 막고 한양 수복의 기틀을 다졌다.

당대 최고의 명장 신립은 왜 패배하였나?

권율과 달리 지형을 제대로 활용하지 못하여 뼈아픈 패배를 경험한 장군이 있으니 바로 신립이다. 1592년 임진왜란이 발발하자, 조정은 일본군

4 道는 백성으로 하여금 군주와 일심동체로 만들어 함께 죽을 수 있고 함께 살 수 있게 하는 것이다. 天은 낮과 밤, 계절 등 시간적 조건을 말한다. 將은 용기, 위엄, 지략 등 장수의 기량에 관한 문제이다. 法은 군대의 편성, 책임 분담, 군수 물자의 관리 등 군제에 관한 것이다.

의 북상을 저지하기 위해 신립을 삼도 순변사로 삼아 일본군의 북상을 저지하려 하였다. 그 당시 신립은 여진족 이탕개의 침입을 물리친 영웅으로 여진족의 훈련된 기마병을 조선의 기마병으로 맞서 번번이 제압한 조선 최고의 명장으로 평가받고 있었다.

전쟁 초기 상주에서 이일이 패배하자 조선의 방어 계획은 차질을 빚게 되었다. 이에 신립은 김여물, 이종장 등과 함께 조령 정찰에 나섰다. 조령은 부산에 상륙한 일본군이 한양으로 가기 위해 넘어야 하는 소백산맥 고개 중 최단 거리의 고개이자, 소백산맥 남쪽의 상주와 북쪽의 충주를 연결하는 요충지였다. 이에 김여물은 다음과 같이 건의했다. "적군은 큰 병력이나 우리는 작은 병력을 가지고 있습니다. 그러니 정면으로 전투를 벌이기보다 조령 양쪽의 험한 기슭에 복병을 배치했다가 틈을 보아 일제히 활을 쏘아 물리치는 것이 좋을 것입니다." 그러나 신립은 "이 지역은 너무 험준하여 기마병을 활용할 수 없으니 들판에서 싸우는 것이 적합하오. 또 우리 군사는 훈련이 안 되었으니 배수의 진을 쳐야 도망치지 않고 싸울 것이오."라고 하였다. 신립의 군대는 조령의 방어를 포기하고 충주성을 건너 탄금대에 진을 쳤다.

탄금대는 충주시에 있는 지역으로 대문산을 중심으로 남한강 상류와 달천이 합류하는 지점에 위치한다. 달천가 언덕에는 너럭바위가 놓여 있는데, 사람들은 이 바위를 탄금대라고 불렀다. 신라 552년 가야국에서 귀화한 악사 우륵이 이곳에서 가야금을 탔다고 하여 탄금대彈琴臺로 불린 것이다.

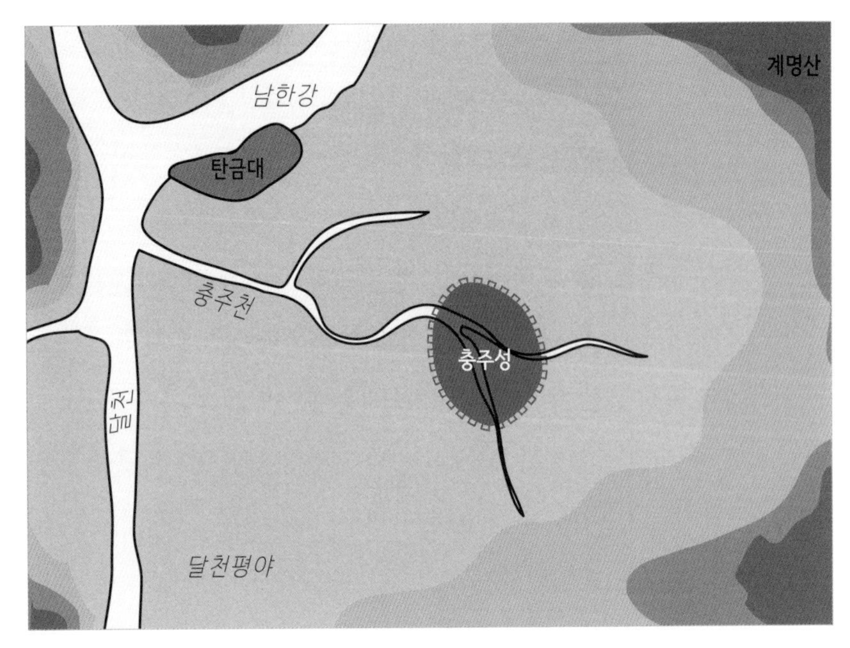

▲ 충주 탄금대의 위치

신립은 강을 뒤로 하고 배수의 진을 치며 병사들에게 죽기를 각오하고 싸울 것을 독려하였다. 그러나 탄금대 주변의 평야는 논밭이 많아 말을 달리기에 곤란했고, 며칠 전에 비까지 온 탓에 습지에 발이 푹푹 빠졌다. 이윽고 매복해 있던 일본군이 일시에 나와 포위해 들어오자 장애물이 없는 평지에서 논밭에 빠지며 기동성이 사라진 기마병단은 일본 조총 부대의 손쉬운 과녁이 되고 말았다. 결국 우리 군은 패배하였고, 신립은 이곳 탄금대에서 장렬하게 최후를 마쳤다.

신립은 왜 탄금대를 일본군과의 결전 장소로 선택했을까? 신립이 조령을 포기하고 평지인 탄금대에 진을 친 이유는 크게 두 가지로 요약된다.

첫째, 조령보다 탄금대 앞의 평야지대가 기마병에 더 적합했다고 판단했기 때문이다. 그동안 우리나라의 주적은 여진족 등 북방 이민족이었기 때문에 이들에 대한 방어 및 공격을 위해 우리 군은 기마병 위주로 편성되어 있었다. 특히 신립은 과거 여진족과의 전투에서 번번이 승리한 장군이었으므로 기마 전투에는 자신이 있었을 것이다. 둘째, 우리 군이 일본군에 비해 병력 수와 훈련도가 열세이기 때문에 이를 병사들의 투지로 극복하기 위해 배수진을 친 것이다. 그렇다면 신립은 우리 군대의 특성과 상황을 잘 알고 이에 적합한 전투를 펼친 것일지도 모른다. 신립의 패배 원인은 무엇이었을까?

《손자병법》에는 '지피지기知彼知己'와 '선승구전先勝求戰'이 전투의 중요한 원칙으로 나와 있다. 지피지기란 '적을 알고 나를 알면 어떤 싸움을 해도 위태롭지 않다.'라는 뜻이고 선승구전이란 '이기는 군대는 먼저 이길 조건을 만들어놓고 전투를 한다.'라는 의미다. 그런데 지피지기에서 지기知己란 자기 군대의 군사적 능력이나 정보력 외에도 자신이 위치한 지형을 읽는 능력을 포함한다. 신립이 기마병이 우세인 자기 군대의 특성과 병사들의 상태를 아는 것 외에 탄금대 앞 평야가 기마 전투에 유리하지 않다는 지리적 조건을 충분히 알았더라면 이 전투에서 '먼저 이길 조건이 만들어지지 않았다.'라고 판단했을 것이다.

물론 요즘에는 신립이 천혜의 요새인 조령을 포기하고 탄금대에 진을 친 이유가 다른 일본군들이 조령 외 죽령이나 추풍령 등으로 우회하여 한양으로 진격하는 것을 막기 위해 한강 저지선을 택한 것이라는 해석도 있다. 그러나 신립이 자기 군대의 특성을 자신한 만큼 전투가 벌어지는 지형에 대한 고민이 적었다는 비판은 피하기 어려울 것이다. 이는 유리한 싸움터를 찾아 학익진을 펼치기 좋은 한산도 앞바다로 왜적을 유인하고, 중과부적의 병력으로 왜적과 대항할 장소로 울돌목을 선택했던 이순신 장군의 지략과 비교되는 것이다.

1592년 4월 28일 신립의 탄금대 전투가 패배로 끝남으로써 선조는 한양을 포기하고 북쪽으로 피난을 가게 되었다. 일본군은 며칠 뒤인 5월 3일에 손쉽게 한양을 접수하였다. 자신의 지리적 위치를 알고 이를 활용하는 것이 얼마나 중요한지 잘 보여주는 사례이다.

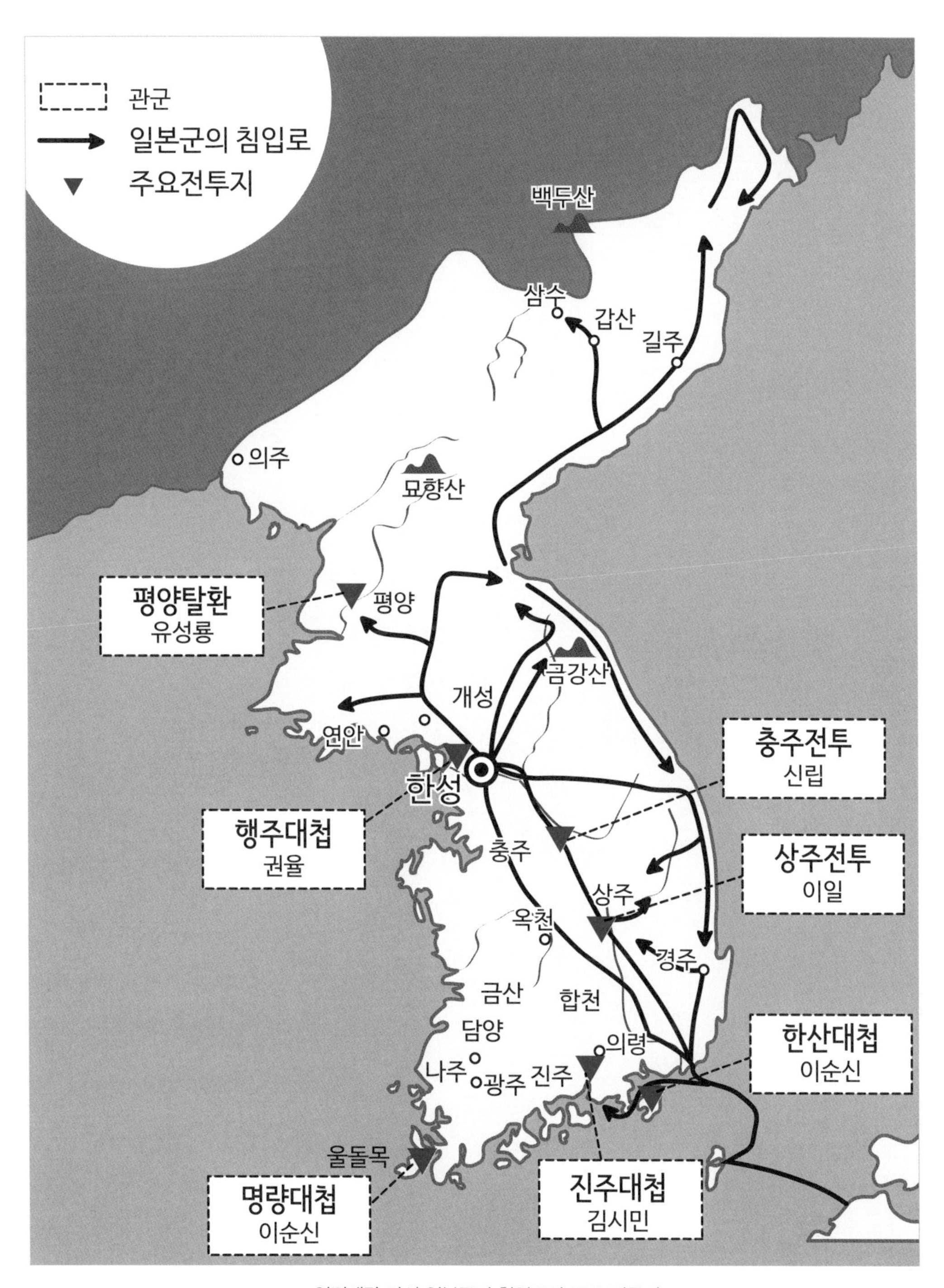

▲ 임진왜란 당시 일본군의 침입로와 주요 전투지

정조는 왜 화성에 신도시를 건설하려 했을까?

인간은 자연 속에서 살아가면서 인간의 편의를 위해서 집, 도로, 다리 등과 같은 많은 인공물을 만들어놓았다. 인구가 증가하고 기술이 발전하면서 인간이 거주하는 생활 공간은 더 많은 인공물들로 채워졌으며 점점 더 웅장하고 정교해졌다. 오늘날 대부분의 사람들이 거주하는 도시에는 자연물은 거의 없으며 대부분의 공간을 인공물이 차지하고 있다. 이렇게 사람들이 생활 공간에 만들어놓은 인공물에는 그들의 생각이나 의도가 담겨 있다. 지금까지 남아 있는 많은 역사적 유적들을 보면 그 당시 사회를 지배하던 사람들의 생각을 읽을 수가 있다. 우리나라에도 석굴암처럼 작은 규모부터 경복궁처럼 큰 규모에 이르기까지 많은 문화 유적이 존재한다. 그중에서 수원의 화성은 유네스코가 지정한 세계문화유산에 등재될 만큼 문화적 가치를 지닌 우리나라를 대표하는 기념비적 유적 중 하나이다. 사실 화성은 조선의 개혁 군주인 정조대왕이

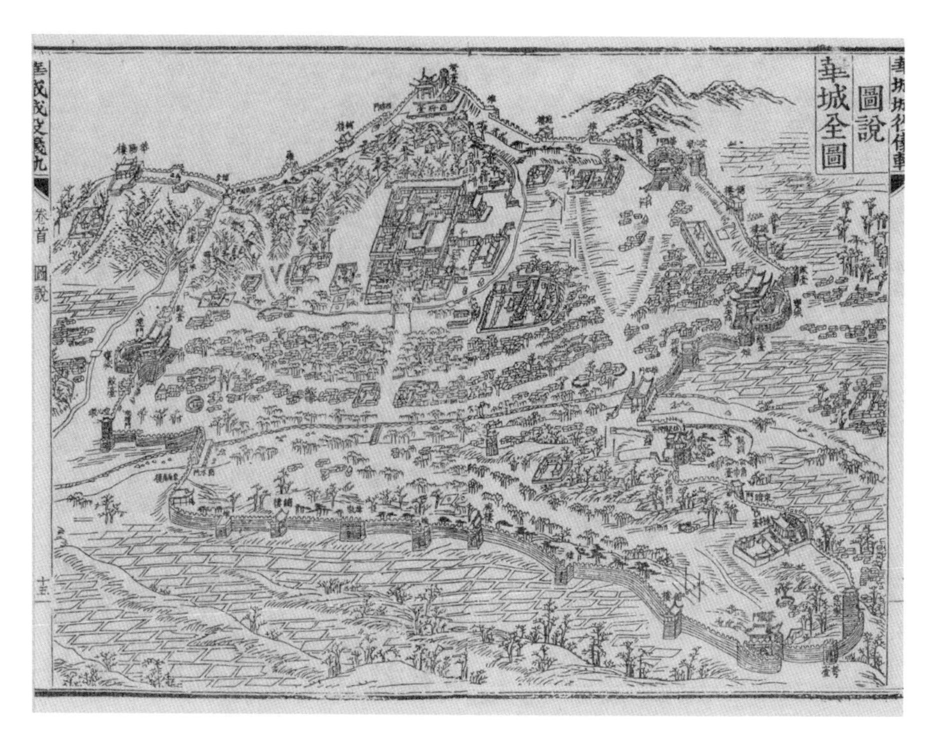

▲ 《화성성역의궤》에 실린 〈화성전도〉, 서울대학교 규장각 소장

신도시를 건설하면서 만든 성곽이다. 화성이 당시로는 획기적인 기술이 적용된 최첨단 성곽이며 보기에도 정교하고 아름다운 건축물이라는 사실은 이미 알려져 있다. 여기서 한 걸음 더 나아가 화성을 깊이 들여다보면 건축물 속에 감춰진 많은 의미를 발견할 수 있다. 정조는 왜 비석이나 탑과 같은 작은 건물이 아니라 비용과 노력이 많이 소모되는 거대한 도시를 땅 위에 새겨놓으려고 한 것일까? 지금부터 화성 속에 담겨 있는 숨은 이야기를 찾아 떠나보자.

최근 대도시 주변에 많은 신도시들이 들어서고 있다. 이 신도시들은 대도시가 과밀해지면서 집값이 상승하고 거주 환경이 나빠지자 이를 해소하기 위한 방편으로 건설되었다. 대도시 주변에 대규모로 택지를 조성하고 사람들을 수용하기 위한 다양한 편의 시설을 갖춘 계획도시의 형태로 세우는 것이다. 도시는 인구가 밀집해 있으며 주민 중에서 농업이 아닌 다른 일에 종사하는 사람들이 많은 지역이다. 도시는 일반적으로 행정 중심지나 교통이 편리한 곳에 사람들이 모여들면서 자연스럽게 형성된다. 그런데 최근 우리나라의 서울, 부산, 대구, 대전 등과 같은 대도시에 사람들이 지나치게 모여들면서 집값이 오르고 교통, 주차 등 다양한 문제가 발생하자 의도적으로 대도시 주변에 새로운 도시를 건설하여 넘쳐나는 대도시의 인구를 수용하는 경우가 빈번해졌다. 오늘날 서울 주변에는 일산, 분당과 같은 1기 신도시를 필두로 하여 현재는 3기 신도시까지 많은 신도시가 건설되었거나 현재 건설 중에 있다.

신도시들은 자연적으로 형성된 도시가 아니라 계획적으로 조성된 도시다. 즉 도시를 건설하기 전에 도로, 주거지, 상업 지구, 공원 용지, 학교 등의 구역을 사전에 결정하고 이에 따라 도시를 건설한다. 토지의 효율적 이용과 주민들의 편리하고 쾌적한 생활을 위해서다. 이와 같은 국가 주도의 계획적인 신도시 건설은 과거에도 있었는데 주로 왕조가 교체되면서 새로운 수도를 세울 때 볼 수 있다. 그런데 새로운 국가 건설에 따른 수도 이전이 아님에도 대규모 신도시 건설을 한 사례가 있었다. 바로 정조 때 건설된 수원의 화성이다. 조선을 대표하는 개혁 군주로 조선 후기 새로운 번영의 시기를 열었던 정조는 한양 인근에 새로운 신도시를 건설하려는 야심찬 계획을 수립하고 이를 실행하였다. 정조가 살았던 조선 후기에 왜 신도시가 필요했을까?

상업이 발달했던 조선 후기 도시의 조건

화성에 신도시를 건설할 필요성은 정조가 아버지 사도세자에 대한 효를 실행하는 과정에서 생겨났다. 정조는 당파 싸움으로 비참한 죽음을 맞이한 아버지 장헌세자의 무덤을 옮기려고 오래전부터 계획하고 있었다. 본래 장헌세자의 묘는 양주의 배봉산 자락(현재의 서울시 동대문구 전농동 인근)에 있었다. 정조는 이 묘를 명당자리로 알려진 당시 수원부 관아가 있는 화산(현재의 화성시 송산리 일대)으로 이전하고 이름도 현륭원으로 바꾸었다. 고을의 중심부에 무덤이 들어서고 기존의 관청은 그 무덤에 제사를 지내는 시설로 쓰이게 되면서 수원부의 관청은 새로운 곳으로 이전해야만 했다. 유교를 최고의 덕목으로 여기던 조선 사회에서 효의 실천은 누구도 반대할 수 없는 절대적 가치였기 때문에 아버지 묘의 이전과 묘역을 지킬 요새의 건설은 신도시 건설의 매우 효과적인 명분이었다.

신도시 건설의 또 다른 이유는 한양의 남부에 한양을 호위할 수 있는 새로운 거점 도시의 필요성에 있었다. 이것은 한층 발전된 조선 후기의 시대적 요구가 반영된 것이다. 인구가 집중된 수도 한양은 점차 대도시로 성장했으며 이에 따라 서울의 기능을 보완해줄 거점 도시들이 필요했다. 북쪽은 개성, 동쪽은 광주, 서쪽은 강화가 그 역할을 수행했는데 한양과의 거리가 100리 이내에 있는 남부에도 새로운 거점 도시가 필요했다. 수원의 신도시로 예정된 팔달산 인근은 삼남으로 연결되는 교통의 요지에 위치해 있기 때문에 수도 한양의 교통 및 상업 기능을 분담하고 한양의 외곽 방어의 핵심 기지로서의 역할을 수행하기에 적합했다. 정조는 화성을 건설하고 이곳에 국왕의 친위부대인 장용외영을 두었는데 이것으로 보아 화성이 서울의 외곽 방어의 중요한 거점이었음을 알 수 있다.

정조는 어떤 이유로 팔달산 인근 지역을 신도시의 위치로 정했을까? 화성의 위치는 현재 수원시의 팔달구와 장안구 일대이다. 이곳은 수도 서울의 정남쪽에 위치해 있으며 오늘날에도 경부선을 비롯한 주요 간선도로가 통과하는 육상 교통의 요지이다. 화성을 건설할 당시 한양으로 통하는 세 개의 큰 도로가 있었다. 그중 하나는 충주를 지나 안동과 상주, 대구로 이어지는 좌로이고 다른 하나는 수원을 지나 공주와 전주로 이어지는 우로였다. 소백산맥의 높은 지형을 지나가야 했던 좌로에 비해서 우로는 지형이 비교적 평탄하여 물자 수송이 원활했는데, 17세기 이후 상업이 발달하고 경제 활동이 활발해지면서 우로의 중요성은 더욱 커졌다.

그런데 지금의 화성시 송산리 일대에 자리하고 있던 구수원읍은 분지 지형에 위치하고 있어서 교통의 요지로서의 기능을 거의 하지 못했다. 당시 우리나라의 주요 도시들은 대개가 주변이 산으로 둘러싸인 분지에 자리 잡고 있었다. 분지는 화강암과 변성암의 차별 침식으로 형성된 지형이

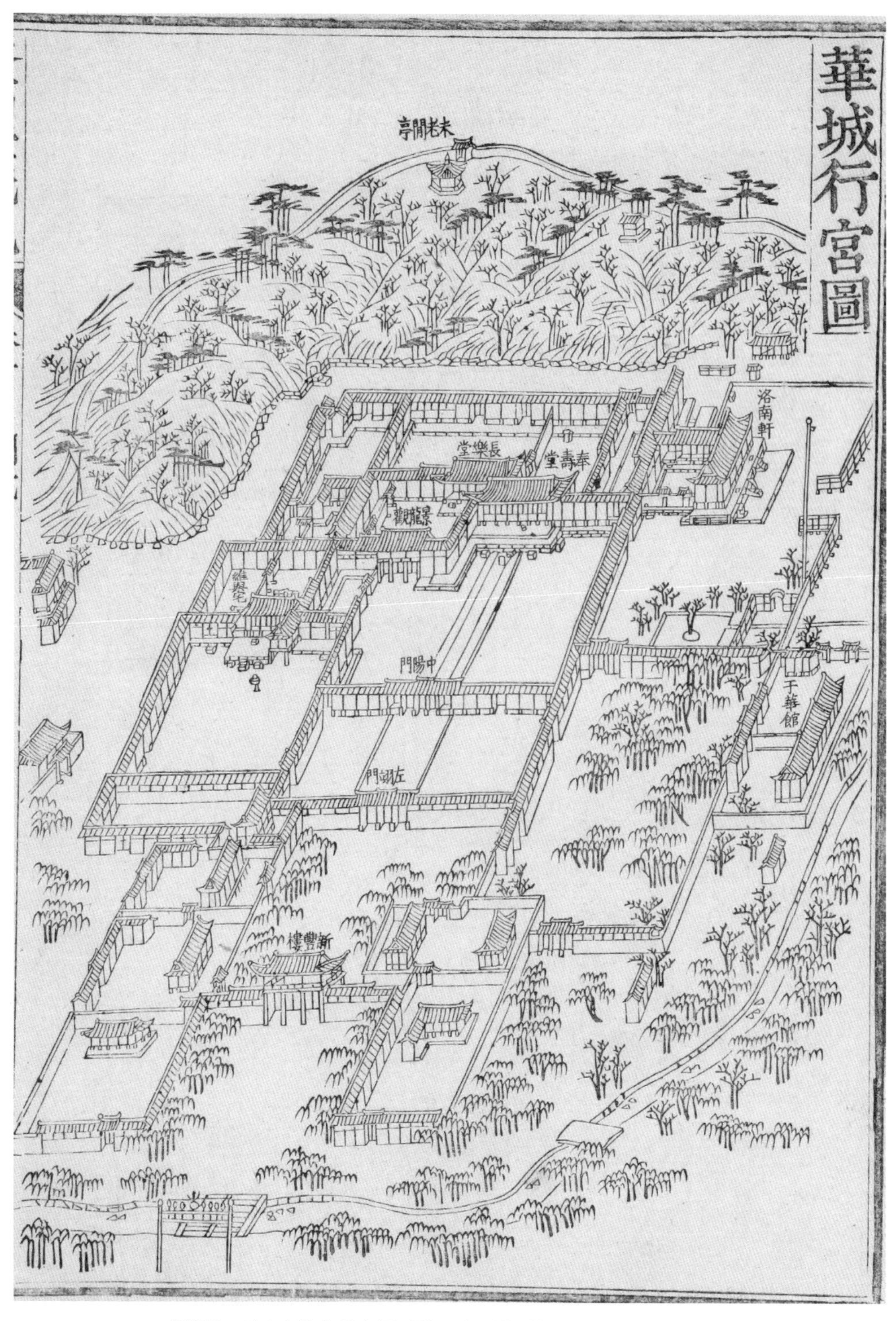

▲ 《원행을묘정리의궤》에 실린 〈화성행궁도〉, 서울대학교 규장각한국학연구원 소장

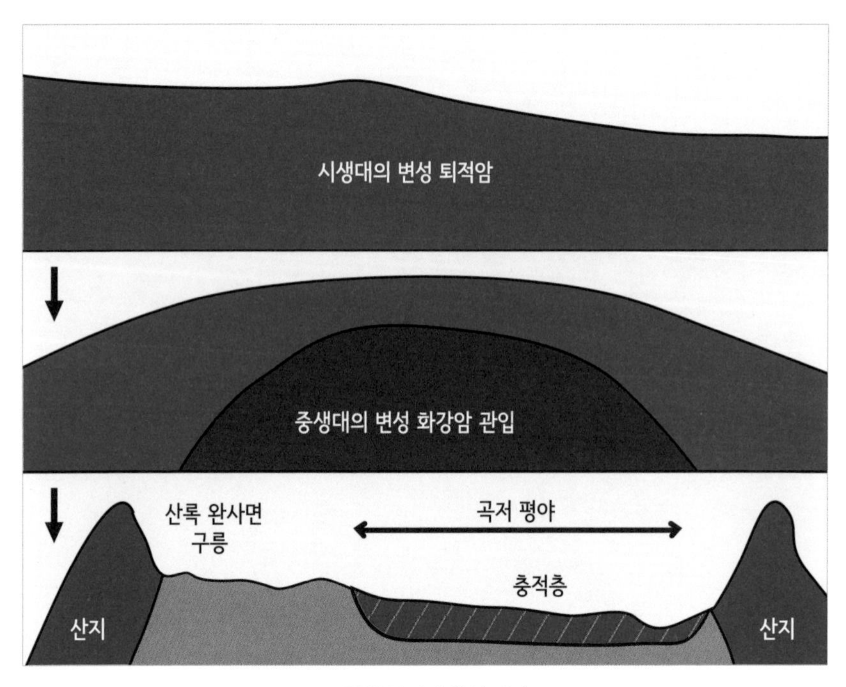

▲ 침식 분지의 형성 과정

다. 중생대에 관입한 화강암은 풍화와 침식에 약한 반면 시·원생대에 형성된 변성암은 상대적으로 풍화와 침식에 강하다. 화강암이 있는 자리는 빨리 침식이 일어나 제거되고 상대적으로 풍화와 침식에 강한 변성암이 주변의 산지로 남아 있게 된다. 이러한 지형을 침식 분지라고 하는데 우리나라의 대부분의 대도시는 이런 침식 분지에 자리하고 있었다. 사실 침식 분지는 주변의 산지가 차가운 북서풍을 차단하고 외적의 침입을 막는 데 도움이 되었다. 또 넓지는 않지만 평지에서 농사도 가능했으며 홍수의 위험도 적어서 조상들의 주된 삶의 무대였다. 전통적인 풍수지리에서 말하는 명당은 대개 이런 분지 지형인 경우가 많았다. 이와 같은 침식 분지에 자리한 구수원읍은 외적을 방어하는 데에는 유리했지만 지역 간의 물자와 사람이 교류하는 데에는 불리하였다.

그런데 방어의 기능이 중요했던 조선 초기와는 달리 상업이 발달했던 조선 후기에는 물자 교류의 편리성이 도시의 중요한 기능으로 부각되기 시작하였다. 주변이 산으로 둘러싸인 구수원읍에 비해 새롭게 조성된 팔달산 아래의 화성은 삼면이 넓게 개방되어 있으며 지형도 평탄하여 서울에서 남쪽으로 가는 큰 길을 만들기에 훨씬 유리했다. 신도시 화성의 입지는 상업 활동이 활발하던 18세기가 요구하는 새로운 도시의 지형적 조건을 잘 갖춘 곳이었다. 신도시로서 화성의 이런 장점을 먼저 알아본 사람이 있었는데 바로 조선의 대표적 실학자였던 반계 유형원이다. 기존 풍수지리의 관점에서 보면 화성은 명당이 아니었다. 그러나 반계의 생각은 달랐다. 그는 도시의 입지를 선정할 때 현실적이고 실용적 관점에서 그 지형이 적절한지 아닌지를 살펴야 한다고 말했다. 즉 방어를 고려한 전통적인 분지 지형보다는 외부와의 교류가 손쉽게 이루어질 수 있는 개방적인 곳, 넓은 논과 들이 펼쳐져 있어 경제 활동을 원활하게 할 수 있는 곳을 좋은 공간으로 보았는데 화성이 바로 그러했다. 정조는 100년 전에 쓰인 반계의 글에 큰 감명을 받았으며 새로운 신도시를 화성으로 정하게 되었다.

정약용이 건설한 자족 기능을 갖춘 최첨단 신도시

그러면 이와 같은 화성을 어떻게 건설하였을까? 조선 시대는 성곽의 나라라고 할 정도로 많은 성곽들이 건설되었다. 본래 성은 적의 침입을 방어하는 데 유리한 산에 쌓는 것이 일반적인데 조선 시대에 들어와 읍치가 발달하면서 산에 있던 성곽들을 평지로 내려서 수많은 읍성들이 건설되었다. 그 많던 읍성들은 현대 도시 발전에 장애가 된다는 이유로 거의 다 허물어지고 지금은 순천의 낙안 읍성, 고창 읍성, 해미 읍성 정도가 원래 모습을 유지하고 있다. 화성은 그동안 축적된 축성 기술에 새로운 기술을 첨가한 당시로는 최첨단 성곽이라고 할 수 있다. 정조는 성곽 건설을 홍문관에 근무하고 있던 젊은 실학자 정약용에게 맡겼다. 많은 축성 전문가가 있었음에도 불구하고 젊은 신하에게 맡긴 이유는 정조가 기존의 읍성과는 다른 성곽을 만들라는 주문을 했기 때문이다. 정약용은 정조의 의도를 파악하여 성곽의 규모를 축소하는 대신에 방어 기능을 극대화하였다. 재화가 가득한 신개념의 경제도시 수원을 보호하는 데 실제적 도움이 되기 위해서였다.

화성의 성곽에는 기존의 성곽에서는 찾아볼 수 없는 새로운 시설물들이 많다. 대표적인 것이 오성지와 공심돈이다. 오성지는 성문에 불을 지르는 것을 방지하기 위해서 성문 위에 벽돌로 다섯 개의 구멍을 내고 그 뒤에 누조라는 물을 저장한 큰 통을 설치하여 물을 흘려보낼 수 있도록 설계한 것이다. 공심돈은 성벽의 일부를 밖으로 돌출시킨 3층의 망루로 여러 곳에 총구가 설치되어 있다. 이러한 시설물들은 중국이나 서양의 서적을 참고해서 만든 시설물들이다. 화성에는 총 네 개의 성문이 있는데 네 개 모두 옹성이 설치되어 있다. 옹성은 성문 밖에서 적을 공격할 수 있는 시설로 옹성의 문은 보통 성벽의 구석에 만드는 것이 일반적이다. 그런데 사람들의 이동이 활발했던 남문과 북문에 해당하는 팔달문과 장안문의 옹성은 그 성문이 중앙에 있다. 이것은 유사시의 방어도 중요했지만 평상시 원활한 물자의 유통도 고려했음을 보여주는 사례이다.

화성 성곽의 참신함은 방어 시설에만 있는 것이 아니다. 성곽을 건축하는 과정 역시 당시로서는 획기적이었다. 우선 노동자들에게 임금을 지불했는데 성과에 따라 차등 지급하였다. 공사비가 노임제로 지급되었기 때문에 비용을 절감하기 위해서 다양한 기구와 기계들을 제작하고 사용했다. 무거운 물건을 들어 올리는 데 거중기가 쓰였다는 사실은 잘 알려져 있다. 이 외에도 유형거, 평거, 대거 등의 다양한 수레가 이용되었다. 공사장에 투입된 모든 장비의 종류와 숫자는 《화성성역의궤》에 자세히 기록되어 있다.

정조는 팔달산 인근에 새로운 도시를 건설하기로 결정하면서 처음부터 신도시인 수원 화성을 많은 사람들이 북적거리고 생산력을 갖춘 대도회로 건설하고자 계획하였다. 그러기 위해서는 적어도 두 가지를 만족해야 한다. 먼저 많은 사람들이 신도시로 이주해야 하며 다음으로 그 사람들이 충분히 먹고살 수 있는 자족 기능을 갖춰야 한다. 정조는 신도시로 인구를 유도하기 위해 이주 주민들에게는 1년간 세금을 면제해주는 획기적 정책을 시행하였다. 그 결과 옛 수원부에서 515호, 원주민이 63호, 그 밖의

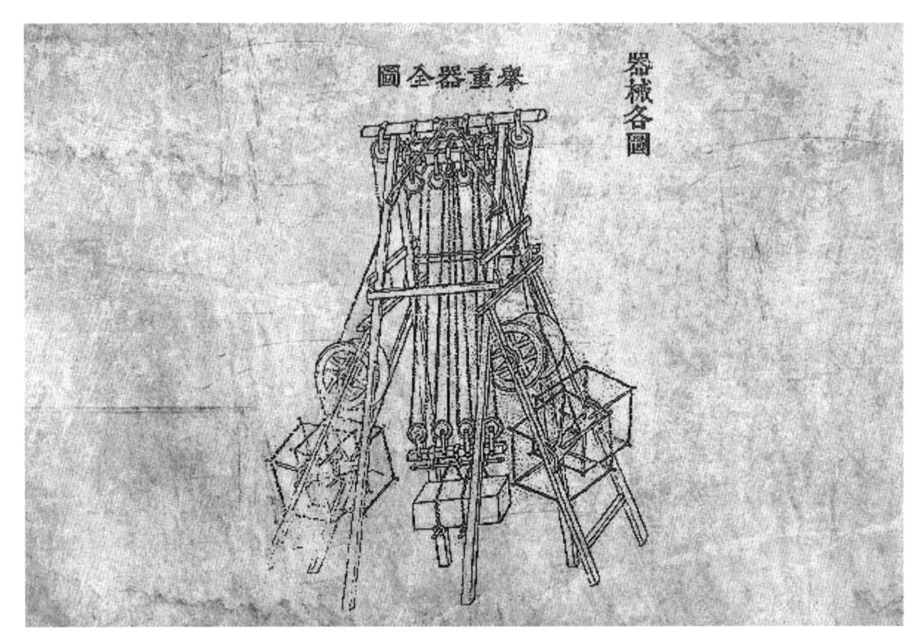

▲ 《화성성역의궤》에 실린 거중기 그림, 서울대학교 규장각 소장

외지에서 모여든 주민이 141호로 총 719호의 주민들이 입주했다.

신도시에 거주할 인구가 채워졌으니 이제 필요한 것은 그들이 먹고살 수 있는 경제적 여건을 만드는 것이다. 오늘날 서울 주변에 건설된 신도시들은 큰 인구 규모를 갖추고 있지만 자족 기능이 부족하다는 문제점을 안고 있다. 신도시에 거주하는 주민 중 상당수는 집은 신도시에 있지만 여전히 일터는 중심 도시에 있다. 그렇기 때문에 신도시에서는 저녁에 퇴근해서 잠만 자고, 아침에 일어나면 다시 중심 도시로 나가서 일을 한다. 이런 주거 기능의 신도시를 침상도시bedtown라고 부르기도 한다. 도시의 자족 기능이 약하면 중심 도시에 의존하게 되고 도시의 재정 여건이 약화

된다. 한편 중심 도시로 연결되는 교통로의 체증은 심화된다. 그래서 도시의 자족 기능은 도시의 생존에 중요한 요소라고 할 수 있는데 놀랍게도 정조가 건설한 화성은 자족 기능을 갖춘 신도시였다.

정조는 신도시 화성의 상업을 발전시키기 위해 신하들에게 다양한 방안을 강구하도록 지시한다. 먼저 채제공은 서울의 부자들에게 무이자로 천 냥씩 빌려주고 수원에 와서 시전을 짓고 장사하도록 권유하는 방안을 제시한다. 그러나 이것은 기존 서울의 시전 상인들과의 마찰이 예상되어 채택되지 않았다. 수원부사 조심태는 수원 지역 사람 중 장사에 소질이 있는 사람을 선별하여 자본금을 주고 장사를 하도록 도와주는 방안을 제시하였다. 이 의견이 채택되어 6만 5000냥의 자금이 조성되고 이를 기반으로 많은 상점들이 자리하면서 수원은 곧 상업이 발전한 대도회로 급성장하였다. 상점은 새 도시의 중심부 가로변에 자리하였는데 북쪽에는 비단 가게와 생선 가게, 남쪽에는 직물 가게와 소금 등을 파는 가게, 동쪽에는 곡물과 머리에 쓰는 관을 파는 가게가 자리하였으며 따로 읍내 북쪽에는 철제품 가게가 있었다.

상업과 더불어 농업 생산을 늘리는 데도 다양한 정책들이 시행되었다. 먼저 장마철만 되면 상습적으로 범람하는 수원천에 대대적인 준설과 관개 공사를 시행하였다. 또 도시 외곽에 버려진 땅에 물을 대기 위해서 대규모 저수지인 만석거를 지었으며 만석거에 고인 물을 이용하여 농사를 짓기 위해서 대규모 국영 시험 농장인 대유둔을 조성하였다. 대유둔은 장용외영의 군인 중 일부를 우선적으로 선발하여 나눠주고 3분의 1은 경작지가 없는 수원 주민에게도 나누어주었다. 대유둔의 농부들은 최신의 농기구와 소를 제공받아 농사를 지었는데 소 한 마리에 두 명의 농부가 협업하는 협동농업이 이루어졌다. 또한 농업에 측우기를 사용했으며 수문, 갑문, 수차 등의 수리시설을 활용하는 등 과학적이고 효율적인 영농이 이루어졌다. 만석거와 대유둔이 큰 성과를 거두게 되자 이를 확대하여 만년제, 축만제, 축만제둔 등이 추가로 설치되었다. 이와 같은 농업 진흥 정책에 힘입어 수원의 농업 생산은 크게 증대되었으며 자족 기능을 갖춘 신도시로 자리 잡게 되었다.

아버지에게 효를 실천하는 과정에서 화성 신도시를 건설했지만 그 이면에는 정조의 숨은 의도가 있었다. 정조는 무너진 왕권을 회복하고 자신의 개혁 정치를 완성할 새로운 공간을 만들고 싶었다. 정조가 살았던 시대에는 당파 싸움이 극도로 심하던 때로 정조의 아버지인 사도세자 역시 당파 싸움의 희생양이 되었다. 정조의 할아버지인 영조는 당파의 폐단을 극복하기 위해 모든 당파의 인재를 고루 등용하는 탕평책을 썼으나 완전한 해결책은 아니었다. 정조는 이런 정치적 혼란을 극복하고 무너진 왕권을 다시 세우기 위해 아버지인 사도세자의 무덤을 옮기고 그 무덤을 호위할 수 있는 신도시 화성을 건설하려고 했던 것이다.

조선의 역사에서 사회 경제적 번영과 문화적인 융성을 누렸던 시기는 세종의 통치 시기와 정조의 통치 시기라고 할 수 있다. 화성은 단순한 성곽이 아니라 많은 학자들과 관료들의 지혜와 노력, 백성들의 기술과 힘이 반영된 건축물이며 당시 축적된 과학 기술이 집약된 결정체이다. 정조는 신도시 수원 화성을 건설하여 자신의 통치 시기의 여러 성과들을 만천하에 드러냄으로써 왕의 권위를 강화하고 왕조의 중흥을 시도했다. 정조는 왕위를 세자에게 물려주고 자신이 건설한 수원 화성에 거처하면서 못 다한 개혁을 완성하고자 하였다. 비록 갑작스런 죽음으로 뜻을 이루지는 못하였지만 수원 화성에서 백성을 사랑했던 개혁 군주 정조의 의지를 읽을 수 있다.

강화도는 왜 역사책의 단골손님이 되었을까?

모든 역사적 사건은 특정 장소에서 발생한다. 때로는 우연에 의해서 발생하기도 하지만 많은 경우 장소의 특성이 그 사건의 발단이 되는 인과적인 관계를 갖는다. 그래서 역사적 사건이 일어난 장소에 대한 이해는 그 사건을 심층적으로 이해하는 바탕이 된다. 너무나 당연한 사실이지만 우리가 알고 있는 많은 역사적 사실들은 당시의 정치, 경제, 문화의 중심지인 수도에서 발생하는 경우가 많다. 그런데 우리나라의 역사에서 화려한 세상의 중심지로 오랫동안 각광받지도 않았지만 끊임없이 역사책에 등장하는 장소가 있다. 바로 강화도이다. 강화도는 우리 역사의 축소판이라고 할 수 있다. 강화도에는 단군이 제사를 지냈던 천제단이 있어 우리 역사가 처음 열린 곳임과 동시에 국가가 어려운 시기에 처했을 때 국왕이나 왕자 등 주요 인물의 피난처이기도 했으며 폐위된 국왕의 유배지로서의 역할도 하였다. 또한 외국의 군대가 우리나라에 쳐들어올 때

▲ 강화도 마니산 참성단(출처: 강화군청)

이곳을 통해 들어왔으며 반대로 우리가 외국의 군대에 쫓길 때도 이곳을 거쳐 갔다. 오늘날 강화도는 마니산 참성단, 지석묘, 외규장각서고, 각종 돈대 등 시대를 달리하는 무수히 많은 역사 유물과 유적들이 남아 있는 노천 박물관이며, 고려몽골항전, 병인양요, 신미양요, 강화도조약 등의 사건이 일어난 우리 역사의 사랑방이다. 강화도는 어떤 이유로 우리 역사의 현장에 이처럼 자주 등장하는 것일까?

강화도가 가지고 있는 독특한 지리적 특성

민주주의 국가에서는 권력에 대한 권위가 국민의 지지에서 나온다. 하지만 봉건 시대 왕의 권위는 당연하게 주어지는 것으로 간주되었다. 백성의 마음을 사로잡는 멋진 모습을 보여서가 아니라 그저 선왕의 아들이기 때문에 자연스럽게 주어지는 권력이었다. 왕은 자신의 권위를 자연스럽게 백성의 마음에 심어놓을 필요가 있었다. 그래서 일반 백성은 입을 수 없는 화려한 옷을 입고 일반 백성은 감히 넘보지 못할 넓고 웅장한 궁궐에서 살았다. 왕이 거주하는 도시 역시 그 나라에서 가장 권위가 빛나는 땅이었으며 지방의 다른 모든 도시를 굽어볼 수 있는 곳이었다. 이렇게 왕기가 서린 땅은 그리 많지 않다. 고구려의 평양, 고려의 개성, 조선의 한양 등이 대표적이다. 그런데 강화도 역시 잠깐이나마 수도의 역할을 한 적이 있다. 고려 무신정권 시절 우리나라에 몽골의 침입이 있었는데 이에 대비해서 고려 왕실의 수도를 개성과 가까운 강화도로 이전하였다. 1232년(원종 11년) 7월에 몽고군이 침입하자 이를 피해 급하게 강화도로 천도를 단행하였다. 이후 강화도는 39년(1232~1270년)간이나 고려의 임시 수도로서의 역할을 수행하였다. 강화가 고려의 임시 수도로 몽고의 침략에 맞서 버틸 수 있었던 것은 독특한 지리적 특성 때문이다.

강화도는 서해 경기만 북쪽에 위치한 섬으로 우리나라에서 다섯 번째로 큰 섬이다. 현재는 강화대교, 초지대교로 육지와 연결되어 있고 그 주변에는 교동도, 석모도 등 12개의 크고 작은 섬이 위치해 있으며 행정 구역상으로는 인천광역시에 속한다. 강화도가 위치한 우리나라의 서해안은

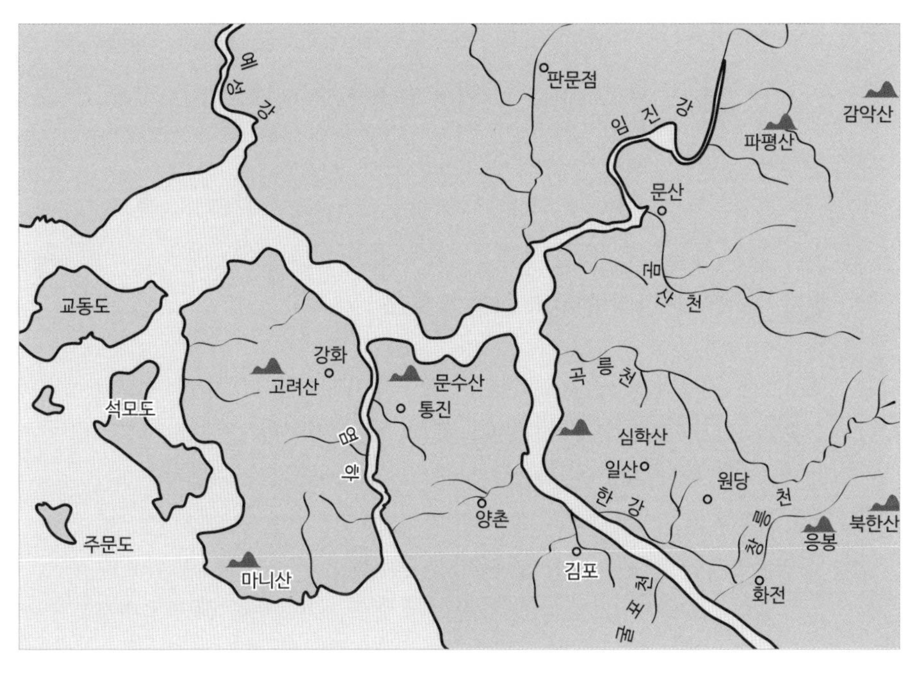

▲ 강화도와 그 주변 지역

조수간만의 차가 크기로 유명하다. 강화도가 위치한 경기만 일대에서 조차가 심한 곳 중 하나인 인천은 최고 조위가 9.27미터에 이른다. 인천과 가까운 강화도 역시 조차가 상당히 클 것으로 예상된다. 이렇게 조차가 큰 해안에서 정상적인 선박의 출입은 밀물이 되어 해안에 바닷물이 가득 찰 때만 가능하다. 바닷물이 빠지면 해안에는 넓은 갯벌이 드러나서 배가 정상적으로 드나들 수 없게 된다. 오늘날 우리나라의 서해안에는 이런 조차를 극복하고 항상 배가 드나들 수 있도록 만든 독특한 시설이 있는데 인천항처럼 규모가 큰 경우에는 갑문식 도크를 통해, 그리고 군산항처럼 비교적 규모가 작은 곳에서는 뜬다리 부두 등의 시설로 조차를 극복하고 있다. 이런 현대적 부두 시설이 없었던 과거에 큰 조차는 군대의 접근을 어렵게 하는 요소였다.

지리 talk talk 뜬다리 부두와 갑문식 도크

조차가 큰 우리나라의 서남해안에서는 이를 극복하기 위한 부두시설이 마련되어 있다. 규모가 작은 항구에서는 주로 뜬다리 부두를 이용한다. 뜬다리 부두는 일명 부잔교浮棧橋라고도 하는데 육지에 고정되어 설치되는 일반적인 부두와는 달리 물위에 떠 있어서 조차에 따라 오르락내리락할 수 있는 구조이다. 물위에 떠 있는 부두와 육지는 긴 다리로 연결되어 있는데 부두 자체가 수면 위에 떠 있기 때문에 바닷물의 높이가 변하더라도 문제없이 배가 접안할 수 있다. 군산항에 가면 일제 강점기에 만들어진 뜬다리 부두를 볼 수 있다.
갑문식 도크는 규모가 큰 항구에서 조차를 극복하기 위한 항구 시설물이다. 이 항구 시설은 부두에서 외해로 나가는 곳에 두 개의 수문을 설치한 모양새이다. 배가 항구를 나갈 때 바다 쪽 수문을 닫은 채 항구 쪽 수문을 열고 배가 갑문 안으로 완전히 들어오면 다시 항구 쪽 수문을 닫는다. 그다음 바다 쪽 수문을 열어 배가 바다로 나가도록 한다. 이 과정에서 만조가 되어 바닷물의 높이가 높아지면 갑문으로 물을 채워 높이를 맞추며, 반대로 간조가 되면 갑문 속의 물을 빼서 바다 쪽과 높이를 맞춘다. 바다에서 항구로 배가 들어올 때는 반대의 방법으로 진행해서 배가 항구로 들어오도록 하는 원리이다. 우리나라의 갑문식 도크는 인천항이 대표적이다. 인천항의 갑문식 도크는 물 높이를 일정하게 유지시키는 것 외에도 태풍과 같은 자연재해에 배가 안전하게 대피할 수 있도록 한다. 또한 항구 안의 물은 잔잔하게 유지되기 때문에 자동차, 정밀 기계 같은 민감한 화물을 안전하게 처리할 수 있도록 하는 데 도움이 된다.

몽고군이 강화도로 접근하는 것을 어렵게 만든 또 다른 요인은 이곳의 빠른 조류이다. 강화도와 김포 사이의 좁은 수로를 염하(오늘날의 강화해협)라고 하는데 이곳은 밀물 때의 조류 속도가 무려 6~7노트에 달하며 특히 광성보가 위치한 손돌목에서는 와류가 발생하여 물길에 익숙한 사람이 아니면 쉽게 건널 수가 없었다. 우리가 잘 아는 명량해전 역시 진도와 해남 사이에 있는 울돌목의 빠른 조류를 전투에 이용한 것이다.

빠른 조류와 더불어 넓은 갯벌 또한 몽고군이 강화로 접근하는 것을 어렵게 했다. 갯벌은 땅이 질퍽하여 걷기가 쉽지 않았기 때문에 그 자체로 천연 방어막의 역할을 했다. 육지에서는 당시 세계 최강이었지만 해전에

▲ 손돌목의 거센 물살

익숙하지 않던 몽고군에게 강화도의 큰 조차와 빠른 조류, 넓은 갯벌은 극복하기 힘든 난관이었다.

고려는 왜 어려운 간척 사업에 매달렸을까?

강화도는 자연이 부여한 천연의 요새였지만 방어에 유리하다는 이유 하나만으로 40년 가까이 수도의 역할을 한 것은 아니었다. 38년간 수도의 역할을 할 수 있었던 진짜 이유는 바로 간척 사업에 있다. 강화도는 섬이지만 넓은 평야가 있으며 여기에서 많은 쌀을 생산하고 있다. 하지만 강화도에 처음부터 넓은 평야가 있었던 것은 아니다. 강화도의 대부분은 산이나 구릉이었다. 강화도가 섬이 되는 과정을 보면 이것을 쉽게 이해할 수 있다. 우리나라의 연안 섬들은 대개가 과거 빙하가 녹으면서 상승한 해수면에 의해 저지대가 침수되어 만들어진 것이다. 그 과정에서 저지대는 불어난 바닷물에 잠기고 산 정상 부근만 수면 위로 얼굴을 내밀면서 섬이 된 것이다. 그래서 대부분의 연안섬에서는 한반도의 서남부와 같은 넓은 평야가 형성되기 어렵다. 그럼에도 불구하고 강화도의 평야가 넓은 이유는 지속적인 간척 사업의 결과다. 강화도 전체 면적의 3분의 1가량에 해당하는 새로운 땅이 간척 사업을 통해서 만들어졌다. 간척 사업은 고려 시대 때부터 시행되었고, 그 이후 계속적으로 이루어져 강화도는 현재와 같은 섬의 형태가 되었다. 과학과 기술이 발달하지 않았던 시절에 육지의 흙을 퍼서 바다를 메우는 일은 많은 시간과 노력, 비용이 요구되는 어려

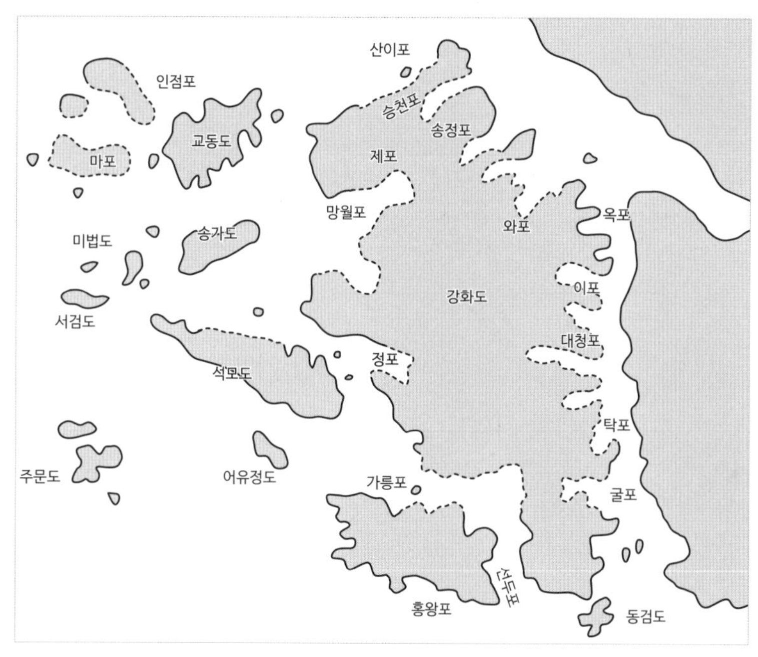

▲ 간척 이전의 강화도

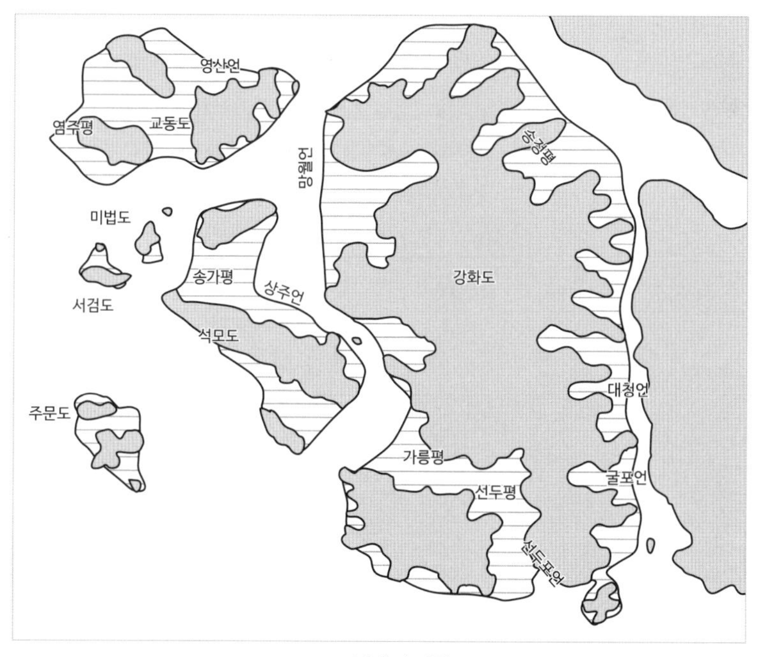

▲ 1990년대의 강화도

운 일이었다. 우리 조상들은 왜 그렇게 어려운 간척 사업에 매달렸던 것일까?

몽고의 침략으로 수도인 개성과 가까우면서도 방어에 유리한 강화도로 천도가 이루어지면서 강화도의 인구가 갑자기 증가하였다. 이전 수도였던 개경에 살고 있던 사람들뿐만 아니라 개경 주변의 연백, 해주, 파주 등지의 난민까지 몰려들어 강화도는 사람으로 넘쳐났다. 그러다 보니 갑자기 늘어난 인구를 부양할 식량이 필요했다. 하지만 전쟁 중이었기 때문에 소출이 적었을 뿐만 아니라 세금으로 걷은 쌀도 조세의 운반 체계가 무너지면서 임시 수도였던 강화도로 전해지질 않았다. 그래서 처음에는 강화도의 산지를 개간하여 농지를 확보하였으나 이를 통해 얻을 수 있는 공간에 한계가 있었으며 과도한 산지의 개간은 산사태, 토양 유실 등의 문제를 유발하였다. 전쟁이 장기화되면서 고려 조정은 근본적이고 체계적인 토지 확보 방안을 찾게 되었는데 그것이 바로 간척 사업이다.

간척 사업은 바다에 제방을 쌓고 그 안쪽의 땅을 흙으로 메워 논이나 주거지 혹은 산업 용지로 이용하는 사업이다. 간척 공사에서 가장 어려운 작업은 끊임없이 들락날락하는 바다에 거대한 제방을 쌓는 것이다. 고려 말에는 제방을 축조한다는 개념보다는 방어를 위해서 섬 주위에 성을 쌓았다고 보는 것이 더 적절할 것이다. 이렇게 쌓은 외성이 방조제 역할을 하여 간척지들이 만들어졌다. 갯벌에 성을 쌓는 일은 많은 인력이 필요한데 당시 강화도에는 많은 인구가 집결해 있어서 노동력으로 활용할 수 있었다.

왕조가 바뀌면서 조선 초 비교적 안정기였던 시기에는 간척 사업이 진척되지 않았다. 그러다 조선 중기 이후 양란을 거치면서 도성의 외곽 방어가 중요해지면서 강화도의 간척 사업이 재개되었다. 강화도를 요새로 만들기 위해서 내성과 외성을 축조했으며 섬 주위에 12개의 진과 보, 53개의 돈대가 설치되었다. 돈대는 적의 침입을 막기 위해 해변에 돌을 쌓아서 둥그렇게 만든 진지이다. 돈대보다 규모가 큰 것이 보이며, 보보다 규모가 큰 것이 진이다.

강화도는 국가가 어려웠을 때 왕의 피난처의 역할도 수행하였다. 조선 후기 청의 위협이 커지자 조정에서는 강화와 남한산성에 있던 성곽을 보수하였으며 강화 해안에는 53개소의 돈대가 설치되었고 이것을 연결하는 성벽이 해안선 전체에 걸쳐 만들어졌다. 이런 노력으로 1627년 정묘호란이 발생했을 때 인조는 무사히 강화도로 피할 수 있었다. 그러나 1636년 병자호란이 발생하자 인조와 소현세자만 남한산성으로 피신하고 나머지 왕족들은 모두 강화도로 보냈으나 끝내 강화도가 점령되는 수모를 겪었다. 강화도는 유사시 왕의 피난처이기도 했지만 동시에 국가의 중요한 기록물을 보관하는 곳이기도 했다. 정조는 1782년 외규장각을 설치하고 그곳에 왕의 글과 글씨, 어람용 의궤, 왕실 관련 물품 등을 보관하였다. 의궤란 국가의 중요한 행사 과정을 후대가 참고할 수 있도록 만들어놓은 글과 그림인데 정조는 왕실 전용 도서관을 강화도에 별도로 설치한 것이다.

강화도는 왕의 피난처임과 동시에 폐위된 왕의 유배지로서의 역할을 하였다. 고려 무신 정권 이후 많은 왕들이 강화 교동도로 유배되었는데 조선의 대표적인 폭군인 연산군이 이곳으로 유배되어 최후를 맞이하였다. 또한 광해군도 이곳으로 유배되었다. 이들을 모두 강화도로 유배시킨 이유는 동태를 감시하기가 좋았기 때문이다. 만일 도성에서 먼 곳에 유배를 보내면 인근의 사람들을 모아 역모를 꾸밀지 모른다는 생각에 늘 불안했을 것이다.

강화도가 유사시 왕의 피난처이자 왕실 도서관이며 폐위된 왕들의 유배지로서의 역할을 할 수 있었던 또 다른 이유가 있다. 바로 도성인 한양에 가까운 데다가 적의 접근이 용이하지 않았다는 점이다. 앞에서 설명했듯이 강화도는 조수간만의 차가 크고 조류가 빠르며 넓은 갯벌이 있어서 외국 군대가 접근하기 쉽지 않았다. 비록 병자호란 때는 청군에게 점령당하였지만 여전히 요새로서 중요했기 때문에 이후에 지속적으로 군사 시설을 보강하였으며 간척 사업을 실시하였다. 숙종에 이르러 본래 두 개의 섬이었던 송가도와 석모도가 하나의 섬으로 합쳐진 것으로 보아 당시의 간척 사업이 매우 활발하게 진행되었음을 알 수 있다. 고려 시대 이후 진행된 간척 사업으로 130제곱킬로미터의 땅이 만들어졌으며 복잡하던 해안선은 단순화되었고 여러 개의 작은 섬들이 세 개의 큰 섬으로 합쳐졌다. 강화의 간척 사업은 역사의 기록에는 드러나지 않는 수많은 백성들의 수고가 만들어낸 또 하나의 역사로 우리 곁에 남아 있다.

강화도는 우리 역사에서 출입문 역할도 수행하였다. 특히 외국의 세력이 우리나라로 들어올 때 반드시 통과해야 하는 문 같은 곳이었다.

병인양요는 1866년 로즈 제독이 이끄는 프랑스 함대가 강화도를 두 차례에 걸쳐 공격한 사건이다. 사건의 발단은 흥선대원군의 천주교 박해에 있었다. 당시 쇄국 정책을 폈던 흥선대원군은 정권 유지 차원에서 서양 문물의 대표주자인 천주교를 박해한다. 이 과정에서 조선에서 활동하는 프랑스 신부 열두 명 중 아홉 명을 잡아서 처형하였는데 살아남은 세 명의 신부 중 한 명인 리델이 중국으로 탈출하여 이 사실을 중국에 주둔하고 있는 프랑스 함대에 알렸다. 자국민이 살해당한 소식을 들은 로즈 제독은 "조선이 선교사 아홉 명을 사살하였으니 우리는 조선인 9000명을 죽이겠다."라고 선언하고 조선을 공격하였다. 그들은 1차 원정에서 염하를 지나 한강 깊숙이 들어와서 물길 정보를 파악한 후 본격적으로 강화도를 공격하였다. 무기의 기술력에서 차이가 컸기 때문에 프랑스군은 손쉽게 강화도를 점령할 수 있었다. 프랑스군의 침입 소식을 듣고 주민들 대부분이 철수하였기 때문에 강화도는 프랑스군의 차지가 되었다.

조선 조정에서는 큰 곤란을 겪게 되었다. 강화도는 한강을 통해 도성으로 들어오는 물자와 세금으로 걷은 쌀 등을 수송하는 물길의 중요 길목에 위치하고 있다. 이 길목을 프랑스군이 장악하자 도성으로 들어오는 물자가 차단되면서 도성은 거의 한 달간 심각한 물자 부족 현상을 겪게 되었다. 결국 조선 조정에서는 양헌수 등의 장수를 통해 강화도 수복 작전을 벌여서 비밀리에 바다를 건너 강화도에 잠입한 후 정족산성을 차지하였으며 프랑스군과 전투를 벌였다. 어느 정도 소기의 목적을 달성했으며 원정에 지친 프랑스군은 정족산성 전투에서 패배하자 물러난다. 그 과정에서 외규장각에 있던 많은 우리 문화재가 약탈되었는데 그중 일부는 영구

임대 형식으로 반환되었다.

1866년 7월 평양 경내의 대동강에 들어와 통상을 요구하던 미국 상선 제너럴셔먼호를 군민이 불태운 사건이 일어났다. 1871년 미국이 이 사건을 빌미로 조선에 통상을 요구하면서 강화도를 침략한 사건이 신미양요다. 이미 프랑스로부터 공격을 받은 경험이 있던 조선은 미 함대가 몰려온다는 소식을 듣고 대포, 화약, 군량미 등을 준비하고 서울의 군대에서 병력을 차출하는 등 대비를 했다. 조선군은 염하를 탐색하던 미국 선박을 먼저 공격하기는 했으나 이내 막강한 미국의 군사력에 쉽게 상륙을 허용하였다. 미군이 가장 먼저 공격한 곳은 초지진이다. 초지진은 염하의 입구에 있는 진지로 강화도의 출입문이라고 할 수 있다. 조선군은 이곳의 중요성을 인식하고 두껍게 성벽을 쌓아서 지키려고 하였지만 막강한 미군의 무기를 견딜 수가 없었다. 초지진을 통해 육지로 진격한 미군은 육로로 광성보까지 진격한다. 당시 광성보에는 조선 병사 350여 명이 지키고 있었는데 이들은 모두 장렬하게 전사하였다. 안타깝게도 조선 병사들은 미군의 총이 막강하다는 소문을 듣고 무더운 6월임에도 두꺼운 솜옷을 입고 있었는데 오히려 솜옷에 불이 붙어 인명 손실이 더 커졌다고 한다. 그리고 끝까지 투항하지 않고 목숨을 걸고 싸우는 조선 병사들의 모습에 적군인 미군들도 감탄했다고 한다. 무력시위를 벌인 미군은 조선 조정이 통상 요구를 수용하지 않자 더 이상의 대규모 군사 행위를 하지 않고 소기의 목적을 달성했다고 판단하고 물러났다.

이 두 번의 사건으로 조선은 스스로 외세를 물리쳤다고 판단하고 더욱

문을 걸어 잠그는 정책을 추진한다. 프랑스와 미국은 조선을 식민지화할 필요성을 못 느껴 물러난 것이지만 그 후에 나타난 일본은 달랐다. 일본은 운요호 사건을 일으키고 강화도 조약을 통해 기어코 조선의 문을 강제로 열었다. 1875년 일본 군함 운요호가 강화해협을 불법 침입하여 조선과 일본 사이에 충돌이 일어난다. 이 사건이 계기가 되어서 1876년 일본과 조선은 조선에 문호 개방을 허용하는 강화도 조약을 체결하게 된다. 불평등 조약인 강화도 조약으로 조선은 부산, 인천, 원산을 개항하게 되고 결국 조선은 이로부터 밀려드는 외세 침략에 속수무책으로 휘둘린다.

강화도가 외국의 세력이 우리나라로 들어오는 출입문 역할을 하게 된 이유는 강화도의 독특한 지리에서 찾을 수 있다. 강화江華라는 한자 지명은 '강이 꽃처럼 피어 있는 듯하다'는 뜻이다. 한강, 임진강, 예성강이 모두 강화를 지나서 서해로 빠져 나간다. 다시 말해 강화도를 통해 한강을 따라가면 수도 한양으로, 임진강을 따라가면 파주와 문산으로, 예성강을 거슬러 가면 개성으로 진출입이 가능하다. 조수간만의 차가 불편함을 주기도 하지만 이를 활용하면 배를 통한 물자 수송에 도움을 받을 수도 있다. 즉 밀물 때는 조류를 따라서 서울로 운항하고 썰물 때는 조류를 따라 바다 쪽으로 배를 운항하면 쉽게 항해가 가능했다. 현재는 한강에 수중보를 설치하여 조류의 흐름이 차단되어 있지만 과거 한강의 경우 조류가 서빙고 부근까지 올라왔다고 한다. 수도 한양으로 향하는 주요 물자 수송의 길목인 강화를 과거에는 '목구멍과 같은 땅'이라는 뜻인 인후지지咽喉之地라고 일컬었다. 그래서 도성인 한양의 출입문 역할을 한 강화를 지킨다는 것은 수도 한양을 지킨다는 뜻이며 이는 다시 조선 전체를 지키는 일이었다. 당시 조선의 병사들이 훨씬 떨어지는 무기를 갖고도 끝까지 목숨을 바치며 싸웠던 이유가 이 사실 때문이 아니었을까?

강화도는 섬 자체에 많은 역사적 사실들이 새겨진 역사의 교과서이다. 오늘날 강화도는 서울 주변에 있으면서 주로 관광 휴양지의 기능을 수행한다. 그리고 이제는 강화대교와 초지대교를 통해서 쉽게 다른 지방으로 이동이 가능해졌으며 인근의 석모도, 교동도까지 다리로 연결되어 한층 교통이 편리해졌다. 역사에서 가정은 의미가 없다고 한다. 그렇지만 만약 조선이 쇄국 정책을 고집하지 않고 일찍 문호를 개방했다면 강화도에는 서양의 문물이 가장 먼저 들어오지 않았을까? 그리고 강화도는 오늘날과는 사뭇 다른 섬이 되지 않았을까? 또 만약 남북이 분단되지 않았다면 강화는 지금과는 전혀 다른 모습일지도 모른다. 통일이 된 이후 강화에는 또 어떤 역사가 새롭게 쓰일까?

더 알아보기

강화도에 있는 두 개의 독특한 건축물

강화도에는 우리의 전통문화와 서양의 문화가 결합된 독특한 두 개의 건축물이 있다. 하나는 성공회 강화 성당이며 또 하나가 온수리 성당이다. 성공회 강화 성당은 겉모습은 사찰 같은 느낌이며 내부는 바실리카식 성당을 그대로 옮겨놓은 것 같다. 이보다 조금 뒤에 지어진 온수리 성당은 수수하면서도 매우

▲ 강화 온수리 성당

▲ 강화 온수리 성당 내부

▲ 성공회 강화 성당

▲ 성공회 강화 성당 내부

포근한 느낌을 준다. 이 두 성당은 동서양의 문화가 결합된 최고의 한옥 성당이다. 언뜻 보면 한옥 같은데 아치형 문이나 스테인드글라스를 연상시키는 2층 유리창 등 곳곳에서 영국 교회의 건축적 요소를 찾아낼 수 있다. 또한 출입문이 일반 한옥과는 달리 서양의 성당처럼 건물의 측면에 있는 것이 특이한데 성당의 기능을 하도록 내부를 길게 만들다 보니 그렇게 되었다. 마치 한복을 입은 서양인 같은 느낌을 주는 성당의 모습은 조선인에게 낯선 기독교를 친숙하게 전파하기 위한 영국인들의 의도가 반영된 것이다. 이런 토착화의 노력은 성당 밖에 심어진 나무에서도 확인할 수 있는데 불교를 상징하는 보리수나무와 유교를 상징하는 회화나무를 심었다고 한다. 서양식 성공회 성당은 그로부터 대략 20년 뒤에 서울에 지어진다. 영국의 성공회는 사람들이 많이 사는 한양으로 가지 않고 그보다 먼저 수도 한양의 출입문이라고 할 수 있는 강화에 뿌리내린 것이다. 강화에 뿌리내린 영국 문화의 영향은 성당뿐만 아니라 일반 가옥 건축에도 영향을 주었다. 당시에 지어진 고택으로 한때 백범 김구 선생님이 거주했던 대명헌에 가보면 분명 한옥인데 문에 창호지 대신 유리가 끼여 있으며 마루는 헤링본 문양으로 배열되어 있다. 강화 지역이 외세가 우리나라로 들어올 때 반드시 통과해야 하는 관문 역할을 수행하였음은 이러한 건축물을 통해서 확인할 수 있다.

지리학은 우리 삶의 배경이 되는 공간, 장소, 지역에 대해 연구하는 학문이다. 나의 삶의 배경이 되는, 내가 살고 있는 장소에 대한 이해를 통해 우리는 그곳에 먼저 살다 간 사람들의 삶과 함께 현재를 살고 있는 우리 자신이 어떤 사람인지도 잘 이해할 수 있다. 나아가 미래의 삶도 그려낼 수가 있다. 우리 선조들이 이 땅에 살다 가면서 남겨놓은 여러 발자취들을 지리적 관점에서 해석해보자.

2부

우리 땅에서 어떻게 살아왔을까?

모내기는 조선 후기 신분 질서를 어떻게 변화시켰을까?

우리나라에서는 '밥 먹다'라는 말이 곧 '식사하다'라는 뜻이다. 많은 사람들이 밥을 먹지 않으면 식사를 하지 않았다고 느낄 정도로 쌀은 우리의 오랜 주식이었으며 우리는 아주 옛날부터 벼농사를 지었다. 중국 남부에서 인도에 이르는 지역이 원산지로 알려진 벼는 지구상에 존재하는 어떤 작물보다 단위 면적당 인구 부양력이 높다. 같은 면적의 땅에서 다른 작물을 키우는 것보다 벼농사를 할 때 가장 많은 사람들을 먹여 살릴 수 있다는 말이다. 그럼에도 전 세계에서 쌀을 재배하지 않는 이유는 무엇일까? 바로 재배조건이 까다롭기 때문이다. 벼농사는 최소한 5개월 이상 기온이 섭씨 20도 이상을 유지해야 하며 강수량도 1200밀리미터 이상은 되어야 한다. 그래서 추운 냉대 및 한대 기후 조건에서는 재배가 불가능하며 비가 적은 건조 기후에도 역시 재배할 수 없다. 지형적으로 보면 하천 주변의 비옥한 충적지가 재배에 적합하다. 그래서 벼농사는 이러한 조건을 충족하는 동남 및 남부, 동부 아시아에서 주로 행해졌다.

직파법과 이앙법

동부 아시아에 속해 있는 우리나라 역시 오래전부터 벼를 재배해왔다. 삼한 시대 이전에 벼 재배와 관련된 기록들이 존재하며 탄화된 상태로 남아 있는 벼의 유물들도 곳곳에서 볼 수 있다. 사계절이 뚜렷하고 연교차가 큰 우리나라에서는 여름철이 벼 재배에 적기라서 봄철에 파종을 하고 가을에 수확을 한다. 봄철에 못자리에 벼 종자를 심고 이것이 어느 정도 자라면 벼를 뽑아서 다시 물을 댄 다른 논에 옮겨 심는다. 이러한 벼농사 방법을 이앙법이라고 하는데 오늘날 거의 모든 농가에서 이런 방식으로 벼농사를 한다. 그런데 이러한 재배 방법이 처음부터 시행된 것은 아니었다. 이앙법은 18세기 중반이 돼서야 전국적으로 보편화되었으며 그 이전에는 벼 종자를 바로 논에 심어서 이것이 자라면 추수를 하는 직파법(부종법이라고도 한다)이 일반적이었다. 벼 종자를 일단 논에서 자라게 한 뒤 다른 논에 옮겨 심는 이앙법이 우리나라에 등장한 것은 조선 초기였는데 주로 경상도와 강원도 일부 지방에서만 행해졌다고 한다. 그러던 것이 점차 확산되기 시작하여 18세기 중반에 이르러서는 우리나라 농가의 80퍼센트 이상이 이앙법으로 벼농사를 하게 되었다.

그렇다면 왜 벼를 그냥 심지 않고 모를 만든 후 다른 논에 다시 옮겨 심

▲ 〈경직도〉 중 논에 잡초를 제거하는 모습. 국립민속박물관 소장

었을까? 직파를 하지 않고 이앙을 했을 때 발생하는 가장 큰 장점은 노동력의 절감이다. 벼를 심으면 벼만 자라지 않고 잡초가 같이 성장하기 때문에 이것을 수시로 제거해주어야 했다. 하지만 이앙을 하면 잡초 제거의 횟수를 절반가량 줄일 수 있었다. 특히 못자리에서 자란 모를 옮겨 심을 때 한 줄로 가지런히 심게 되면서 제초 작업도 훨씬 수월해졌다. 일설에 의하면 기존 노동력의 80퍼센트나 절감되었다고 한다. 그만큼 남는 노동력으로 다른 일을 할 수 있었다는 뜻이다. 다음으로 수확량의 증가도 기대할 수 있었다. 못자리에서 자란 모를 옮겨 심으면서 상태가 좋은 것만 골라서 심게 되고 유전적으로 불량한 종자를 제거함으로써 벼의 품질을

향상시킬 수가 있었으며, 옮겨 심을 논의 지력이 직파에 비해 상대적으로 좋아서 땅으로부터 더 많은 영양분을 흡수할 수 있었다. 그런 이유로 정확한 양을 측정할 수는 없지만 수확량이 증가한 것은 분명하다.

이앙법이 확대된 다른 이유는 이앙하면서 이모작이 가능해졌다는 것이다. 이모작이란 한 해에 서로 다른 작물을 번갈아 재배하는 것으로 한 경작지에 두 번 농사짓는 것이다. 대체적으로 5월에서 10월까지 벼농사를 하고 10월에서 이듬해 5월까지 보리나 밀 등을 재배하였다. 우리나라에서는 이모작의 품종으로 주로 쌀보리가 많이 재배되었는데 만일 벼농사가 흉작으로 소출이 적더라도 연이어 재배하는 보리나 밀이 이를 보완해 주어 배고픔을 해결할 수가 있었다. 보리나 밀은 쌀에 비해 재배조건이 까다롭지 않기 때문에 전 세계적으로 재배되는 작물이지만 쌀에 비해 토지 면적당 인구 부양력은 떨어진다. 그래서 쌀 재배가 가능한 여름철에는 쌀을 재배하고 가을에서 봄 사이에는 보리나 밀을 재배하였다. 우리나라의 옛말에 보릿고개라는 말이 있다. 이는 가을에 수확한 쌀을 다 소비해서 남는 것이 없고 가을에 심은 보리는 아직 다 자라지 않아서 수확할 수 없는 시기로 먹을 것이 없는 곤궁한 때를 가리킨다.

국가에서 법으로 금지한 이앙법

이앙법이 전국적으로 보급되는 데에는 비교적 오랜 시간이 걸렸다. 조선 초기에는 국가에서 이앙을 하는 것을 법으로 금지하기까지 했다. 이렇게 좋은 선진 농사법을 왜 국가에서는 법으로 금지했을까? 조선 초 국가에서 이앙법을 법으로 막았던 이유는 우리나라의 기후 환경과 밀접한 관계가 있다. 앞에서 설명했듯이 이앙이란 못자리에 심어놓은 모를 뽑아서 다른 논에 옮겨 심는 방식이다. 그렇게 뽑아놓은 모를 다시 심으려면 반드시 옮겨 심을 논에 물이 고여 있어야 한다. 이 시기에 모내기를 할 정도의 적당한 비가 내리거나 아니면 저수지와 같은 다른 곳의 물을 끌어 들여야 한다. 만일 그렇지 못하면 모를 옮겨 심지 못하게 되어 일 년 농사를 망칠 수밖에 없었다. 모내기를 할 시기인 5월을 전후하여 항상 일정한 양의 비가 내려야 하는데 우리나라는 해에 따라서 강수량의 변동이 매우 심하였다.

우리나라는 중위도의 대륙 동쪽에 위치해 있다. 우리나라의 북쪽에는 건조하고 차가운 공기가, 그리고 남쪽에는 습하고 더운 공기가 자리하고 있다. 이 두 세력이 매해 일정하게 영향을 주었다면 우리나라의 기후 역시 큰 변동 없이 일정하였을 것이다. 그러나 이 두 세력의 영향이 해마다 일정하지 않아서 홍수와 가뭄이 빈번하게 발생한다. 이렇게 한대와 열대, 대륙과 해양 세력이 서로 충돌하면서 빈번한 홍수와 가뭄을 만들어내는 우리나라에서는 이로 인한 피해를 막기 위해서 저수지나 보, 제방, 수차 등과 같은 수리 시설들을 만들어 사용했다. 저수지는 오늘날의 댐과 유사한 형태와 기능을 하며 일정한 공간에 물을 모아두었다가 필요할 때 꺼내서 사용하는 수리 시설이다. 그러나 거대한 저수지를 만드는 것은 많은 비용과 노동력을 필요로 하였다. 이에 비해서 흐르는 강물을 막아서 물을

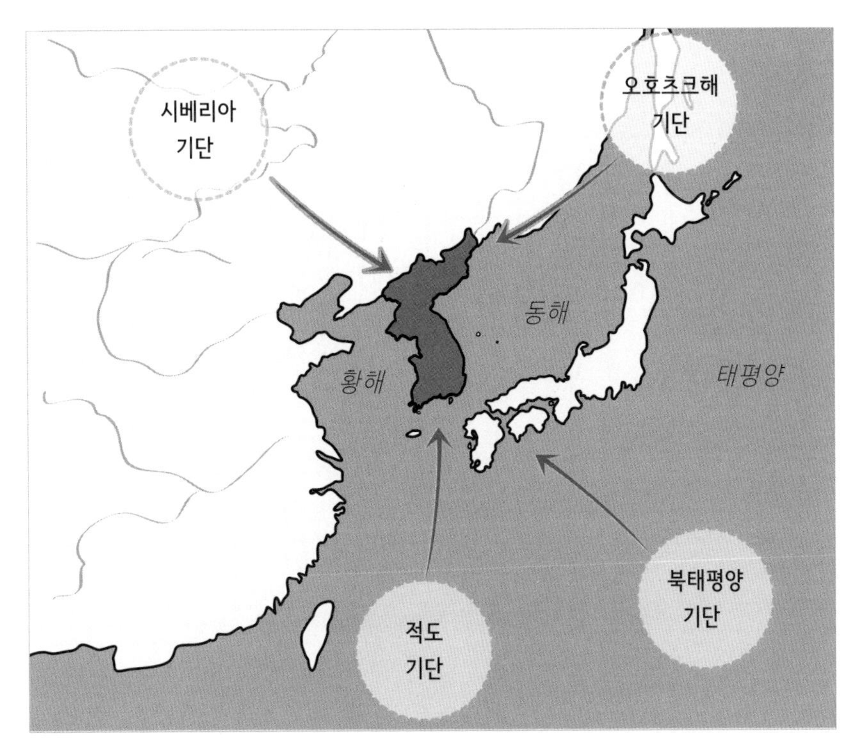

▲ 우리나라 주변의 기단

모았다가 필요한 시기에 쓰도록 만들어진 보는 제방이나 저수지에 비해서 적은 노동력과 비용으로도 축조가 가능하면서도 원하는 목적을 달성할 수 있는 활용도가 높은 수리 시설이었다. 그러나 보 역시 여름에 집중호우가 발생하면 유실되기가 쉬워서 안전한 수리 시설이라고 보기 어려웠다. 토목 기술이 발달하지 않았던 조선 시대 우리나라의 논들은 하늘에서 내리는 빗물에 의존해서 농사를 짓는 천수답이 대부분이었다. 저수지나 보와 같은 수리 시설로부터 비교적 안전하게 물을 공급받아서 농사를

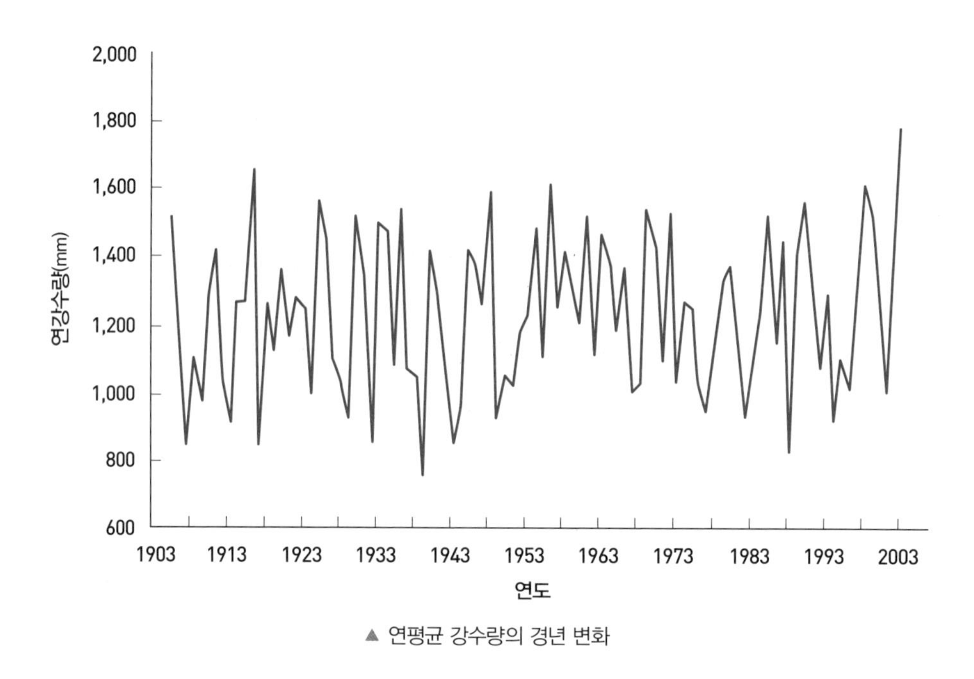

▲ 연평균 강수량의 경년 변화

짓는 수리 안전답의 비율은 매우 낮았다. 천수답에 의존해서 농사를 짓는 농민들에게 기후의 영향을 크게 받는 이앙법은 위험 요소를 안고 있는 모험적인 농사 방법이었던 것이다.

이와 같이 우리나라는 강수량의 경년 변화(해에 따른 강수량의 변화)가 심하였기 때문에 가뭄으로 인해 모내기를 할 시기를 놓쳐버리는 경우 그해 쌀 소출이 전무하게 되어 농가는 큰 피해를 볼 수밖에 없었다. 농가의 소득이 없으면 국가에서는 세금을 걷을 수 없게 되어 국가 재정에도 타격을 입게 된다. 똑같은 가뭄이 들지라도 이앙을 하지 않고 직파를 하면 적은 양이라도 수확을 할 수 있어 국가에서는 위험도가 큰 이앙을 금지하였던 것이다. 그러나 국가의 금지에도 불구하고 초기에 경상도와 강원도의 일부 지역에서만 행해지던 이앙법이 17세기에는 삼남지방에 보급되었고 18세기에 이르러서는 전국적으로 시행되었다. 이앙법이 확산된 것은 그사이 농업 기술도 발달하였으며, 이를 정리한 농서가 보급되고 기후적 제약을 극복할 수 있는 수리 시설도 많이 확충되었기 때문이다. 이렇게 되자 정부에서도 이앙법을 금지하기보다는 적극적으로 권장하였으며 이앙이 쉽게 이루어질 수 있도록 수리 시설의 확충에 많은 노력을 기울였다.

이앙법 확산이 가져온 사회 변화

기술의 혁신은 사회 변화를 유발한다. 산업혁명으로 생산 기술과 방식에 일대 변화가 발생하면서 유럽에서는 자본주의가 싹트게 되고 자본가와 노동자라는 새로운 사회 계급이 등장하게 되었다. 이와 마찬가지로 조선의 새로운 농사법인 이앙법 역시 농촌 사회에 큰 변화를 촉발하였다. 이앙법으로 수확량이 증가하고 노동력이 절감되자 이를 통해 부를 축적한 부농들이 생겨났다. 이앙법으로 노동력이 크게 절약되면서 농민들은 과거보다 넓은 토지에 농사를 지을 수 있게 되어 넓은 토지를 소유한 부농이 등장하였다. 부농들은 농지를 계속 매입해서 많은 토지를 소유하게 되었으며 이를 다시 가난한 농민들에게 빌려주어 소출의 일부를 거두어들였다. 즉 자신은 농사를 짓지 않고 자신이 소유한 토지를 관리하는 경영형 부농이 등장한 것이다. 이렇게 부를 축적한 경영형 부농들은 새로운 사회 계층으로 자신들의 사회적 기반을 튼튼히 하였고 이들 중 일부는 양반 신분을 돈으로 사서 양반 계급에 편입되기도 하였다. 그 결과 기존 조선 사회의 신분 질서에 큰 변화가 일었다. 한편 이렇게 부를 축적한 농민들보다는 자신의 토지를 잃고 다른 사람의 토지를 빌려 농사를 짓는 소작농들이 더 많이 생겨났다. 흉년이나 관리들의 횡포를 못 이겨 여기저기를 떠도는 유랑민도 증가했으며 이들 중 일부는 산속으로 숨어들어 화전민이 되기도 하였다.

이앙법은 벼농사를 짓는 방법 중 하나이지만 단순히 농업 기술에 그치지 않고 조선 후기 사회 변화에 큰 기여를 하였다. 환경적 제약을 극복할 수 있는 새로운 기술이 개발되고 이 기술이 사회 전반에 적용된다면 사회의 변화를 초래한다는 사실을 이앙법을 통해서 읽을 수가 있다. 이런 현상은 오늘날에도 계속되고 있다.

우리 조상들은 어떻게 소금을 얻었나?

어느 시대건 복지 정책의 재원을 마련하는 것은 어려운 일이다. 복지 정책이란 말 그대로 '무상 지원'의 성격을 띠기 때문이다. 복지 정책이 국민의 행복하고 안정적인 삶을 위해 반드시 고려되어야 하는 것임에도 불구하고 그것의 시행에 들어가는 돈을 확보하는 일은 고민거리일 수밖에 없다. 이는 조선 시대 성군으로 추앙받는 세종대왕에게도 마찬가지였다.

1418년 왕위에 오른 세종은 즉위 후 7년간 지독한 가뭄을 겪었으며, 그 후에도 홍수나 태풍 등의 자연재해를 계속해서 겪어야만 했다. 농업 국가인 조선에서 자연재해는 곧 흉년으로 이어졌다. 즉위 다음 해에 굶주리는 백성의 수를 조사하자 그 수가 무려 약 20만 명에 달하였다. 당시에는 '의창義倉[5]'이라는 관청에서 굶주린 백성에게 곡식을 나눠줬으나, 계속되는 흉년으로 의창에서 보관하는 곡식이 크게 감소하자 이마저도 어려움에 부딪혔다. 상황이 이 지경에 이르자 세종은 그나마 흉년 피해가 적은 농가로부터 곡식을 확보하여 의창의 재원을 보충하는 방법을 고민하게 되었다. 조선 시대에 복지 정책의 재원을 확보하는 방법은 무엇이었을까? 세종이 꺼내든 카드는 바로 '소금'이었다.

당시 소금은 개인들이 생산하는 '사염私鹽'과 관청에서 생산하는 '관염官鹽'으로 나뉘었다. 세종 즉위 초에는 대부분의 소금이 사염이었으나, 세종은 소금을 생산하는 인부인 염공들을 대거 수용하여 관염을 활성화시켰다. 이를 위해 국가에서 직접 소금을 생산하는 일을 관리하도록 '의염색義鹽色'이라는 관청까지 두었다. 국가가 주도하여 소금을 팔아 이득을 남기고 이를 곡식과 바꿔 의창의 곡식을 확충하려는 생각이었다. 《세종실록》 109권, 세종 27년 8월 16일(정사) 기사에서 의염색의 설치를 주도했던 권맹손의 주장을 보면 의염색의 설치를 허락한 세종의 의도를 짐작할 수 있다.

> 1445년(세종 27년) 8월 16일 세자가 공조 참판 권맹손을 인현하고 의염법議鹽法을 의논하니 권맹손이 말하기를 "지금 관官에서 스스로 소금을 굽는 자염煮鹽을 하는 것은 백성의 재물을 박탈하여 나라를 이롭게 하라는 것이 아니라 곡식을 저장하였다가 흉년에 빈민을 구제하는 의창의 부족한 것을 보충하여 흉년에 대비하자는 것입

5 평상시에 곡식을 저장하였다가, 필요한 때에 저장한 곡식으로 빈민을 구제하였던 구호기관이다. 의창은 크게 두 가지 업무를 수행하였는데, 하나는 흉년이 들었을 때 굶주린 백성들에게 곡식을 나눠주는 것이고, 다른 하나는 춘궁기에 곡식을 꾸어주고 가을에 이자를 붙여 돌려받는 것이다.

니다. 이 같은 큰일을 따로 관사를 세워서 주장하지 않을 수 없으니 청하옵건대 관사를 설치하고, 좌·우 의정·판호조와 호조 판서로 제조提調를 삼아서 그 일을 주장하게 하고, 백성으로 하여금 관가에서 소금을 전매하는 것이 아니라 백성과 더불어 이익을 같이 하는 것을 알게 하소서." 하였다.

그런데 세종은 국가의 부족한 재원을 채우기 위한 방법으로 어째서 하필 소금을 선택한 것일까?

소금을 가진 자가 권력을 얻는다

소금 생산을 통해 국가 재정을 확충하려는 시도가 고려 시대에도 있었다는 것은 13세기 말 고려 충렬왕이 소금 전매 제도를 실시한 것을 통해 알 수 있다. 그는 세자 시절 원나라에 볼모로 잡혀 있었는데, 이때 원나라가 소금 전매를 통해 세금을 거둬들이는 것을 보았고, 귀국해 왕위에 오른 후 소금 전매 제도를 시행했다. 충렬왕의 뒤를 이은 충선왕도 귀족들이 소유하던 소금가마를 국고에 귀속시키는 등 '각염법'이라는 전매 제도를 이어나갔다. 그러나 시행 과정에서 베를 선불로 받아놓고 소금은 주지 않는 등 소금 유통업자들에 의해 백성들이 착취당하는 폐단이 생기자, 조선 시대에는 전매 제도를 폐지하게 되었다. 이렇게 소금 전매 제도가 없어진 상황에서 세종은 의창의 재원 확보 방안으로 소금을 떠올렸던 것이다.

우리는 소금을 언제부터 생산했을까? 우리나라는 고조선 때부터 소금을 생산한 기록이 있는데, 고조선에 이어 고구려나 신라, 백제 모두 영토 확장 과정에서 중요하게 차지하려던 지역이 바로 소금 생산지인 해안가였다. 《관자》의 〈해왕편〉, 〈경중갑편〉 등을 보면 발해 역시 서해 염전에서 광범위하게 소금을 생산했다고 기록되어 있다. 이들 국가에서 생산된 소금은 주변 국가들과의 무역을 통해 팔려나갔고, 이 이익을 통해 도시가 발달했으며, 국가 재정을 확보할 수 있었다. 소금 산지를 확보하는 일이 국가 권력을 세우는 데 매우 중요한 요소로 작용한 것이다.

이처럼 소금은 권력을 유지하게 만드는 핵심적인 도구였다. '소금 염鹽' 자를 분석해보면 '신하가 소금 결정을 그릇에 담아 깃발을 꽂고 지킨다.' 라는 의미가 집약되어 있다. 소금과 권력과의 관계는 서양에서도 마찬가지였다. 영어 단어 중 salary(봉급), soldier(군인) 등이 소금을 뜻하는 라틴어 단어 '살sal'에서 유래하였다. 로마 등 고대 왕국에서 관리나 군인에게

▲ 한자 '소금 염'

지리 talk talk 서울에 소금 마을이 있다?

예전부터 마포 나루터는 각종 물산의 집산지로 유명했다. 각 지역의 물건을 가득 실은 배들이 한강 물줄기를 따라 마포까지 모여들었기 때문이다. 마포 나루는 현재 서울 마포구의 마포동과 용강동 일대에 위치해 있었다. 전국 팔도의 여러 물건들이 마포 나루로 집결되었지만, 그중에서도 '마포염'이라는 말이 있을 정도로 마포의 소금은 명성이 높았다. 염전 하나 없는 마포가 소금으로 유명해진 것은 그곳이 소금 유통의 중심지였기 때문이다. 마포 나루의 상인들은 한강의 수로를 이용해서 충주, 단양, 영월까지 서해안의 소금과 새우젓을 공급하였다.

서울의 지명 중 '염'자가 들어간 지명은 소금과 관련이 깊은 장소들이다. 마포구 염리동은 옛날에 소금 창고가 있어 소금 장수들이 많이 살았던 것에서 동네 이름이 유래하였다. 현재 염리동은 골목마다 재미있는 벽화를 그리고 길을 정리하여 '염리동 소금길'이라는 관광 명소로 탈바꿈하였다. 또 강서구 염창동은 조선 시대 서해안의 염전으로부터 채취해온 소금을 서울로 운반하기 전 이곳에 소금 창고를 두어 잠시 보관하였던 데서 동네 이름이 유래했다.

주는 월급을 소금으로 지불했기 때문에 파생된 단어이다. 이미 기원전 6세기에 로마에서는 소금의 판매권을 정부가 장악했고, 중국에서도 춘추전국 시대에 소금 전매 제도를 시작하였다.

그렇다면 소금이 권력 확보와 유지에 중요하게 작용해온 이유는 무엇일까? 소금이 중요한 이유는 소금을 대체할 수 있는 것이 없다는 데에서 비롯된다. 소금은 음식에 섞여 다양한 맛을 내고, 음식물을 오래도록 보관할 수 있도록 해준다. 적당량을 섭취할 경우 인간의 신체를 건강하게 유지할 수 있게 도와주고, 흉년에는 구황제의 역할도 해낸다. 소금은 동서양을 막론하고 인류에게 꼭 필요했으나, 일부 지역에서만 생산할 수 있었다. 소금의 수요와 공급의 불균형은 '거래'라는 경제 활동을 낳았다. 거래는 시장을 형성했고 시장이 형성된 곳에는 돈이 모여들었다. 역사적으로 소금을 생산했던 지역이 경제적 번영을 누렸던 이유가 여기에 있다. 페니키아도 로마도 소금의 경제적 가치에 일찍 눈을 뜨고 이를 무역에 활용하면서 부를 축적할 수 있었다.

끓인 소금, 자염을 아십니까?

현재 우리나라 소금의 대부분은 서해안에서 천일제염업으로 생산되고 있다. 천일제염업은 바닷물을 염전에 가둔 후 바람과 햇볕으로 물을 증발시켜 소금을 얻는 산업이다. 소금이 바다로부터 나는 것이야 당연하다고 알고 있지만, 사실 모든 바다가 소금을 생산하기 적합한 조건을 갖추고 있는 것은 아니다. 바닷물에는 소금이 약 3퍼센트, 그 밖의 광물이 약 1퍼센트 정도 들어 있다. 바닷물에서 소금만을 얻기 위해서는 먼저 바닷물을 담아 둘 수 있는 염전이 필요한데, 염전은 갯벌을 막아서 만들어야 하고, 갯벌은 조수간만의 차가 큰 얕은 바다에서만 발달한다. 염전이 가능하려면 지형적인 조건 이외에 기후까지 알맞아야 한다. 물을 증발시킬 수 있도록 기온이 어느 정도 높으면서 동시에 비가 오는 날이 적고 바람이 적당해야 한다. 전 세계에서 이러한 지리적 조건을 갖춘 곳은 사실 흔하지 않다. 그런데 우리나라 서해안의 경우 세계 5대 갯벌(캐나다 동부 해안, 미국 동부 해안, 아마존강 하구, 북해 연안, 우리나라 서해안) 중 한 곳에 해당할 정도로 갯벌이 넓게 분포하기 때문에 강수량이 적은 지역을 중심으로 천일제염업이 발달할 수 있었다. 어찌 보면 소금 생산에 딱 맞는 축복받은 지형과 기후를 갖고 있는 셈이지만, 사실 조선 시대까지 우리 조상들이 선택했던 소금 생산 방식은 천일제염업이 아니었다.

수천 년을 이어온 우리나라의 전통적인 소금은 바닷물을 끓여서 만든 소금이었다. 이렇게 생산된 소금은 '삶을 자煮' 자를 써서 자염煮鹽이라고 한다. 그래서 예부터 소금을 생산하는 일을 '소금을 굽는다'고 하였다. 소금을 구울 때 중요한 것은 소금가마에 쓰일 연료의 확보였다. 바닷물의 염도는 매우 낮아서 무작정 바닷물을 끓이다 보면 불을 때는 데 필요한 연료가 엄청나게 소비된다. 이를 극복하기 위해 선조들이 선택한 방법은 갯벌에서 바닷물의 염분 농도를 충분히 높인 후 마지막에 가마솥에 넣어 끓이는 방식이었다. 지역마다 조금씩 차이가 있었지만 간단하게 정리하면 다음과 같은 방식이다.

먼저 소를 이용하여 갯벌에 써레질을 해서 갯벌 흙이 햇볕에 잘 마르도록 한다. 5~7일간 잘 마른 갯벌 흙에는 소금이 잘 달라붙게 된다. 갯벌 한쪽에 큰 웅덩이를 파고 그 안에 둥글게 말뚝을 박은 후 갯벌로 겉을 감싸서 바닷물을 모을 수 있는 '간통'을 만든다. 햇볕에 잘 말라 염도가 높아진 갯벌 흙을 간통 주변의 웅덩이에 넣고 기다리면 바닷물이 오가면서 흙

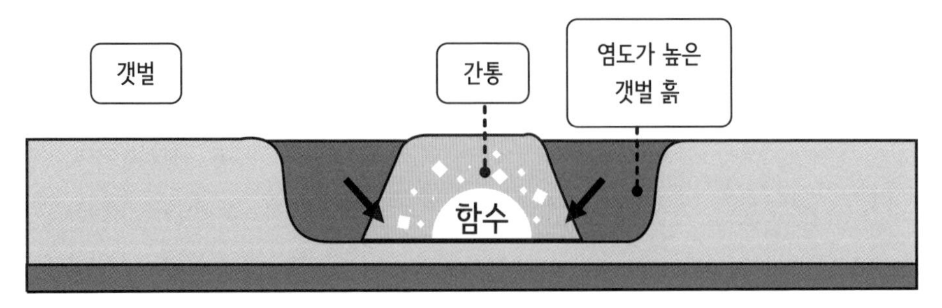

▲ 자염을 만드는 원리

을 통과하여 염도가 높은 물이 모이게 된다. 이 물을 '함수'라고 하는데, 함수를 가마솥에 옮겨 끓여서 만드는 것이 바로 자염이다.(그림 참고)

전통적인 자염 생산 방식은 갯벌을 훼손하지 않고 그대로 활용하는 방식이라 소금에 천연 미네랄이 풍부하게 남아 있다. 그래서 자염은 덜 짜고 밋밋한 맛에 약간의 단맛이 느껴지기도 한다. 당시 중국에서는 '전오염'이라는 방식으로 소금을 생산했는데 처음부터 바닷물을 토기에 넣고 끓이는 방식이었다. 이렇게 만들어지는 중국 소금에 비해 염도가 높은 함수를 끓이는 우리나라 소금이 생산비도 적게 들고 품질 면에서도 우월했다.

그럼에도 자염의 생산에서 바닷물을 끓일 연료를 구하는 일은 어려운 문제였다. 조선 시대까지 목재를 제외하면 마땅한 연료를 구하기 힘들었기 때문에 염전 주위의 산은 점점 민둥산으로 변해갔다. 조선 시대까지 동해안에도 소금을 굽는 곳이 있었는데, 동해안에는 갯벌이 없어도 산지가 많아 땔감이 풍부했기에 가능한 일이었다. 연료 확보의 어려움이 있기는 하였지만, 자염 생산은 우리 조상들의 삶의 지혜가 담긴 전통 소금 생

▲ 김준근, 〈염조지인〉, 19세기 말 그림, 오스트리아 빈 민족학박물관 소장

산 방식으로 소금의 맛과 품질에 대한 조상들의 자부심이 담겨 있었다.

천일제염업과 일제의 소금 수탈

많은 사람들이 우리의 전통 소금으로 알고 있는 천일염의 제조는 사실 1907년, 대만의 천일염 생산 방식을 모방한 일제에 의해 인천의 주안 염전에서 최초로 시작되었다. 수천 년 동안 우리나라에서 소금이란 바닷물을 끓여서 만드는 것이었다. 그래서 천일염이 처음 만들어지자 사람들은 이를 '왜염'이라고 부르며 생소하게 생각했다. 우리나라 사람들이 어떻게 생각하든 일제는 우리나라 땅에 염전을 엄청나게 확장해갔다.

러일전쟁으로 재정 지출이 많아진 일본은 재정 확보를 위해 우리나라의 담배, 인삼, 소금 등을 약탈해갔다. 특히 자염보다 염화나트륨 함유량이 높은 천일염은 화학 공업과 무기 산업의 원료가 되었기 때문에 군사대국을 지향했던 일본에게 반드시 필요한 재료였다. 우리나라와 달리 대규모 갯벌이 없는 일본은 천일염을 생산하기에 적당하지 않았기에 대신 우리나라를 점령하는 동안 우리나라 소금 생산 방식을 대부분 천일염으로 바꾸었다. 일제 강점기 동안 천일염 염전은 평안도, 서해도, 경기도 등 서해안에 집중적으로 생겼으며, 일본 정부가 그 소유권을 장악하였다. 일제는 우리나라 땅에서 소금을 생산해 일본 본토로 가져가는 한편, 소금세 규정을 바꾸어 세금을 가로채고 이후 1942년에는 소금 전매령을 공포하여 소금의 생산과 공급을 독점하였다.

일본은 평안남도 광량만을 포함하여 북한에 남한보다 더 많은 염전을 건설하였다. 광량만은 지형과 기후가 천일염을 생산하기에 알맞았고, 대동강을 통해 소금을 내륙으로 운반하는 것 역시 편리하여 대규모의 염전이 건설되었다. 이후 대규모 천일염전은 대부분 북한에 만들어져 1943년에는 북한의 천일염전 규모가 남한의 2.6배가량이 되었다. 이는 해방 후 남북 분단으로 남북한 교류가 끊기자 남한 사람들이 소금 품귀 현상으로 고통받던 원인이 되기도 하였다.

현재 우리나라 서해안에 발달한 염전들은 대부분 해방 이후에 개발되었다. 천일염은 가슴 아픈 일제 식민지 정책 속에서 탄생하였지만, 한국적 천일염으로 거듭나면서 주목받는 소금이 되었다. 물론 일각에서는 염전을 다지기 위해 갯벌 위에 깔아놓은 장판으로 인해 소금의 안정성과 위생, 갯벌의 오염 문제 등을 경고하는 목소리도 나오고 있다.

한편 자염의 경우에는 최근 전통적인 생산 방식을 복원하여 50여 년 만에 다시 생산되고 있다. 자염을 생산하는 충청남도 태안군에서는 매년 10월 초에 전통 자염 생산의 전 과정을 체험해볼 수 있는 자염 축제를 개최하기도 한다. 천일염 생산과 더불어 전통적인 자염의 생산이 이루어지고 있는 것은 다양성 차원에서도 흥미로운 일이다. 앞으로 전통과 경제성, 맛과 건강을 고려하고 많은 이들의 고민과 지혜를 모아 우리나라 소금의 새로운 역사가 탄생하길 바라본다.

600년 도시 서울은 어떻게 탄생했을까?

서울시는 정도 600년을 맞이하여 1994년 11월 29일을 시민의 날로 정하고 기념하는 행사를 거행하였다. 현재 대한민국의 수도인 서울은 우리나라 최대의 도시이며 정치, 경제, 문화, 교통의 중심이다. 또한 자랑할 만한 세계 도시로서의 면모를 갖추고 있다. 지금으로부터 600여 년 전인 1394년 음력 10월 28일은 서울이 명실상부한 우리나라의 수도로 그 첫걸음을 떼던 날이었다. 조선을 건국한 태조 이성계는 새로운 국가에 걸맞게 수도를 이전하는 계획을 추진한다. 새로운 국가가 건설되었으니 수도를 새롭게 정해서 옮기는 것을 당연하다고 생각할 수도 있지만, 수도 이전에는 많은 비용이 들어가며 절대 급하게 추진할 일은 아니었다. 그럼에도 불구하고 태조가 건국과 더불어 수도 이전을 추진한 배경은 무엇일까?

새 술은 새 부대에

수도 이전의 가장 중요한 목적은 사람들의 마음속에 고려 왕조를 지우고 조선이라는 새로운 나라를 새겨 넣으려는 것이었다. 조선이라는 나라가 새롭게 세워졌지만 여전히 사람들은 자신이 고려인이라고 생각하며 살았을 것이다. 고려의 왕궁을 보면서 고려의 이미지를 지우기란 쉽지 않다. 조선이라는 새로운 국가의 정치 이념과 권위를 새로운 장소에 새겨 두어서 사람들로 하여금 자연스럽게 받아들일 수 있도록 할 필요가 있었다. 또한 기존의 수도인 개경에는 과거 고려의 각종 지배 세력들이 여전히 자리하고 있어서 이들의 영향이 없는 새로운 수도에서 왕조를 시작하는 것은 어찌 보면 당연한 일이었다.

수도를 옮길 강력한 의지를 가진 태조는 바로 실행에 옮겼다. 그러나 새 수도의 위치 선정 과정은 그리 순탄하지 않았다. 당시 후보지 선정에 가장 큰 영향을 준 것은 풍수도참설이다. 풍수도참설이란 주변의 산과 하천 등의 지형적 특징이 그곳에 사는 사람들의 길흉화복을 좌우한다는 사상이다. 그러나 그곳의 입지적 특성을 판단하는 데 모두가 인정할 수 있는 객관적 기준이 없으며 또 보는 사람에 따라 같은 지형도 얼마든지 다르게 해석할 수 있었다. 본래 도읍지의 선정은 서운관이라는 기관에서 담당하였으나 서운관의 관리들 역시 일관성이 없기는 마찬가지였다. 새로운 수도의 후보지로 많은 의견이 있었지만 최종적으로 선정된 곳은 공주의 계룡산과 한강변의 무악이었다. 그중에서도 정당문학(조선 초기 문하부에 설치되어 있던 관직) 권중화가 추천한 계룡산이 유력하였는데 태조는 직접 계룡산 일대를 답사하여 이곳의 지형적 특징과 조운 가능성, 교통 여건 등을 살펴보았다. 그리고 돌아오는 길에 이곳에 새로운 도읍을 건설하기로 결정하고 신하들에게 새 도읍 건설을 명령하였다. 그러나 하륜의 강력한 반대로 신도시 건설은 중단되었다. 하륜은 계룡산은 남쪽에 치우쳐 있으며 동북쪽도 막혀 있어서 새 수도로 적합하지 않다고 보고 이곳 대신에 한강변의 무악을 추천하였다. 하륜의 설명은 나름 타당한 측면이 있었다. 조선 시대처럼 교통이 발달하지 않았던 시절에 수도가 국토의 중앙에 위치해 있지 않다면 국왕의 통치력이 지방에 골고루 미치지 못하여 국가 운영에 어려움이 많았을 것이다.

태조는 하륜의 건의에 따라 다음 후보지인 무악에 대해서 알아보도록 지시하였다. 그러나 하륜을 제외한 많은 신하들이 장소가 너무 협소하다는 이유로 이를 반대했다. 그러자 태조는 직접 무악을 살펴보기 위해서 이곳으로 행차했다. 무악 답사를 마치고 개경으로 돌아오던 중 우연히 들른 남경(한양)을 보고 태조가 무학대사에게 이곳은 어떤가 물으니 무학은 사면이 높고 수려하며 중앙은 평탄해서 성읍을 만들기에 좋다면서 신하들에게 물어서 결정하라고 조언하였다. 마침내 많은 신하들도 이에 찬성하면서 새로운 도읍지로 한양이 선정되었다.

풍수지리의 교과서 '한양'

새로운 수도로 선정된 한양의 지형과 위치적 특징은 새로운 국가의 수도로 적절한 곳일까? 우선 당시에 유행하던 풍수지리 측면에서 살펴보면 한양은 풍수지리의 교과서라 불릴 만큼 명당의 조건을 잘 갖추고 있다. 풍수 명당도를 보면 명당의 뒤에는 주산이 버티고 있으며 그 주산의 양옆으로 좌청룡과 우백호가 명당을 감싸고 있다. 그리고 명당의 앞으로는 안산이 자리하고 있어서 전체적으로 주변이 산으로 둘러싸인 분지의 형태를 하고 있다. 또한 분지의 앞으로는 내수라고 하는 명당수가 흘러가며 이 명당수는 더 큰 하천인 객수로 빠져나간다. 객수 뒤에는 조산이 위치하여 명당을 호위하고 있다.

이와 같은 명당의 조건을 한양에 맞춰보면 많은 부분이 조건에 부합한다. 북악산이 주산의 역할을 하며 인왕산과 낙산이 우백호와 좌청룡의 역할을 한다. 남산은 안산에 해당하며 관악산은 조산에 해당한다. 한양의 명당수는 청계천이며 청계천은 객수인 한강으로 흘러나간다. 한양의 기가 한곳으로 모이는 자리에 경복궁이 자리하고 있으며 그중에서도 근정전은 모든 좋은 기운이 집중되는 장소가 된다. 꽃으로 비유하면 씨방에 해당하는 곳이다. 그러나 한양은 명당의 조건을 잘 갖춘 최고의 장소이지만 모든 것이 완벽하지는 않다.

자연환경은 인간의 의지에 따라 형태가 만들어진 것이 아니기 때문에 풍수의 모든 조건이 완벽하게 들어맞는 장소는 존재할 수 없다. 조상들은 풍수지리의 측면에서 부족한 부분을 인위적으로 보완하였는데 이러한 풍수를 비보풍수라고 한다. 한양 역시 부족한 부분이 많았으며 이를 보완한 장치들을 곳곳에서 확인할 수 있다. 가장 대표적인 것이 숭례문과 흥인지

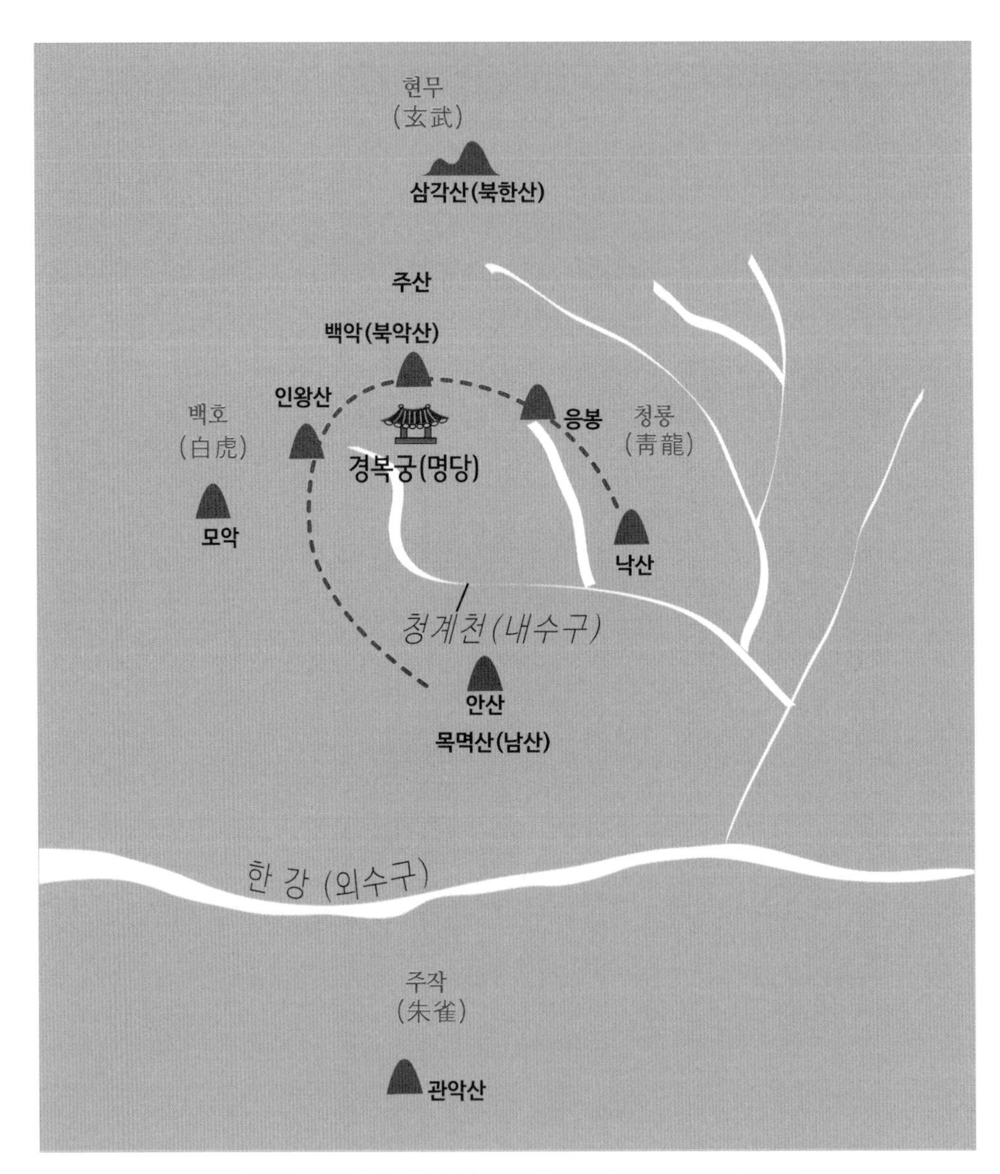

▲ 경복궁의 위치는 풍수지리에서 말하는 명당의 조건을 잘 갖추고 있다.

▲ 현판이 세로로 되어 있는 국보 1호 숭례문

문이다.

숭례문은 한양 도성의 남쪽에 위치한 남대문의 이름이다. 특이한 것은 이 문의 현판 글씨가 세로로 쓰여 있다는 것이다. 현판의 글씨는 가로로 쓰여 있어야 안정감이 있고 어색하지 않은데 숭례문의 현판은 불안하게 세로로 쓰여 있다. 이는 관악산의 불의 기운을 막기 위함이다. 숭례문은 불을 지키는 역할을 하는 문이었다. 그래서 그런지 숭례문 주변에서 화재가 발생했다는 역사 기록을 다수 확인할 수 있다. 그리고 최근에는 숭례문 자체에 화재가 발생하여 수년에 걸쳐 복원하기도 하였다. 어찌 되었건 숭례문은 불과 인연이 깊은가 보다.

▲ 문 앞에 옹성이 설치되어 있으며 정사각형 형태의 현판(오른쪽 위)을 하고 있는 흥인지문

흥인지문은 동대문의 이름이다. 일반적으로 현판의 글자 수는 세 글자인데 흥인지문은 네 글자이다. 사실 흥인문이라고 해도 이상할 것이 없는데 의미 없는 글자인 '之' 자가 더 들어가 있는 것이다. 거기에다 흥인지문의 네 글자는 정사각형의 형태로 배열되어 있다. 이것은 좌청룡에 해당하는 낙산의 허약한 기운을 보완해주기 위한 장치이다. 좌청룡과 우백호는 서로 균형을 이루고 있어야 하는데 우백호에 해당하는 인왕산은 산세가 웅장한 반면 좌청룡에 해당하는 낙산은 보잘것없다. 한자 '之' 자는 산줄기가 흘러내려오는 모습을 하고 있다. 허약한 좌청룡에 산줄기의 형태를 하고 있는 '之' 자를 넣어 줌으로써 산의 기운을 보완하려고 했던 것이

다. 그리고 도성의 동대문에 해당하는 흥인지문은 사대문 중 유일하게 옹성이 있는데 이것 역시 허약한 기운을 보완하기 위한 장치 중 하나이다.

새로운 수도로 최적의 지형적 조건

한양이 풍수지리상 부족한 부분이 있어 이를 보완하기는 했지만 명당의 조건을 어느 정도 잘 갖추고 있는 것은 분명해 보인다. 한양은 풍수지리에 근거하지 않더라도 새로운 국가의 수도로 좋은 조건을 잘 갖추고 있다. 우선 한양은 우리 국토의 중앙에 위치해 있어서 국왕의 통치력이 전국에 골고루 영향을 줄 수 있다. 오늘날도 그렇지만 조선 시대의 모든 육로는 한양을 중심으로 뻗어나가 있어 한양은 육상 교통의 요지라고 할 수 있다. 다음으로 한양은 커다란 분지 지형을 하고 있어서 성을 쌓아서 외적 침입을 방어하기에도 유리한 지형적 특징을 갖추고 있다. 무엇보다도 한강이라는 큰 하천을 끼고 있어서 수운을 통한 물자 운송에 유리하다는 점이 한양의 가장 큰 매력이라고 할 수 있다. 우리나라는 국토의 70퍼센트가 산지로 되어 있어서 수레를 이용하여 물건을 운반하는 것이 매우 어렵다. 그래서 무거운 물건은 하천에 배를 띄워 운반하는 경우가 많았다. 당시 국가의 세금은 쌀이나 지방의 특산물로 걷었기 때문에 이것을 운반할 때 하천 수운을 이용할 수 있는지의 여부는 도읍지 선정의 중요한 요소였을 것이다. 한강을 따라가다 보면 광진, 마포, 반포, 노량진, 김포 등을 포함하여 많은 나루터들이 존재하였는데 이는 수운 교통로로 한강이

▲ 경복궁 전경(출처: 경복궁 관리소)

중요한 역할을 했음을 보여준다.

새로운 수도가 결정되고 이듬해 10월 태조는 수도 이전을 추진하였다. 태조 4년 한양부를 한성부로 개명하고 종묘와 사직, 궁궐을 완공하였다. 완성한 궁궐의 이름을 큰 복이라는 뜻의 '경복궁'으로 명명하였다. 그리고 이듬해에는 도성을 쌓고 사대문과 사소문을 완공하였다. 바야흐로 새로운 수도 한양의 시대가 시작되었다. 그러나 한양이 수도로서 제 역할을 하는 데에는 시간이 더 필요했다. 조선의 2대 임금인 정종은 재난이 자주 일어난다는 이유로 옛 수도인 개경으로 환도하였다. 왕자의 난을 일으켜 즉위한 태종은 아버지인 태조의 뜻을 받들어 왕이 된 지 5년 만에 한양으로 재천도를 결심하였다. 이때 태종의 최측근이었던 하륜은 다시 한 번 강력하게 무악으로의 천도를 주장하였다. 자신이 왕이 되는 데 많은 공을 세운 신하의 간청을 간단히 무시할 수는 없는 상황이었다. 현명한 태종은 모든 논란을 잠재우기 위해서 무악을 답사하고 돌아오는 길에 최측근 다섯 명만을 데리고 종묘에 들어가서 송도, 무악, 한양 세 곳을 대상으로 쇠돈을 이용해서 점을 친다. 그리고 한양이 가장 좋은 결과가 나왔음을 발표하였다. 실제로 점이 그렇게 나왔는지는 아무도 모른다. 다만 이 일로 인해서 더 이상의 논란은 사라졌다. 수도를 옮긴 태종은 새로 건축한 경복궁 근정전에서 만조백관이 모인 앞에서 하례를 받았다. 경복궁은 조선 왕조의 상징적 건물이다. 백성들은 이 궁을 보면서 자연스럽게 자신이 조선의 백성임을 받아들였으며 이곳이 조선 왕조의 권위가 살아 숨 쉬는 공간임을 인식하였을 것이다.

최근 우리 정부에서는 대대적으로 경복궁 등 조선의 왕궁을 복원하려는 작업을 하고 있다. 조선의 정궁이었던 경복궁은 상당기간 화재와 전쟁 등의 이유로 정궁으로서의 역할을 하지 못하였다. 잠깐 명종 때 이를 복원하려는 시도가 있었으며 고종 때 흥선대원군에 의해서 대대적인 복구 공사를 하게 된다. 그러나 일제 강점기가 되면서 경복궁을 포함한 조선의 왕궁들은 심하게 훼손된다. 특히 경복궁은 일제에 의해 330여 동의 건물이 철거되고 그 앞의 광화문은 다른 위치로 옮겨 가게 되었다. 경복궁의 앞에는 거대한 석조 건물인 조선총독부 건물이 들어서게 된다. 일제는 우리 민족의 상징적 건물을 훼손하고 자신들의 힘을 자랑하듯 거대한 석조

건물을 그 앞에 지어놓은 것이다. 조선총독부 건물은 일본식 건물도 아닌 서양의 건축 양식으로 지어졌으며 당시 석조 건물로는 동양 최대 규모였다고 한다. 1983년까지 정부 청사로 사용되었던 이 건물에 대해서 문화사학적으로 가치가 있으니 건물을 박물관 등으로 이용하자는 입장과 일제 침략의 상징적 건물이니 철거하자는 입장이 서로 대립하였으나 결국 철거하기로 결정하였다. 대신에 상부 첨탑만 따로 원형 계단으로 포위된 공원의 하단부에 설치해놓았다. 그리고 일제 강점기에 훼손된 경복궁은 여러 고증을 거쳐 복원 공사가 진행되고 있다. 경복궁과 광화문의 복구는 단순히 문화재를 복구한다는 차원을 넘어서 우리 민족의 정기를 계승하는 작업이며 한때 무너진 우리 민족의 자존감을 회복하는 작업이다.

지금으로부터 600여 년 전 신생왕국 조선의 수도인 한양은 지속적으로 성장하여 인구 천만의 거대 도시인 서울이 되었다. 서울은 정치, 경제, 행정, 교육, 교통 등 모든 분야의 중심지로서의 역할을 수행하고 있다. 이제 서울을 규모만 거대한 도시가 아닌 환경적으로 쾌적하고 문화적 가치가 높은 도시로 새롭게 만들어가야 할 것이다. 우리나라의 중심이 아닌 세계의 중심이 되는 서울을 기대해본다.

정조는 왜 운하에 관심을 가졌나?

조선 후기인 1782년, 재위 6년을 맞은 정조가 성균관 유생과 기성 관리를 대상으로 시험 문제를 낸다. 신입 관리를 뽑는 시험이 아니라 기성 관리들에게 국가 중요 시책을 묻고 대책을 논하게 하는 시험이었다. 어떤 시험 문제였는지 《홍재전서》[6]에서 살펴보자.

"해운길은 고려 이후 지금까지 바뀐 게 없다. 조운선이 파선되거나 배로 나르는 각종 공물이 물에 젖어 썩어버리는 걱정이 요즘보다 심한 적은 없었다. 그 폐단은 어디에 있느냐? 안흥安興에 포구를 파자는 의논은 오래전부터 있었으나 의견이 통일되지 못하고 심지어 안흥 좌우에다가 조창을 설치해 위험한 물길을 피하자는 의논도 있었다. 대체로 바닷길 천 리 중에 오직 이곳만 걱정인데, 지금은 파도가 평온하

6 《홍재전서》는 조선 후기 정조의 글을 모아 편집한 문집으로 '홍재弘齋'는 정조의 호이다.

던 곳에서도 모두 파선 사태가 일어나고 암초와 모래톱으로 파선되지 않는 곳이 없으니, 그렇게 된 까닭은 무엇이냐? 조운의 일로 백성이나 나라에서 곤란을 겪고 있으니 이를 나라에서 어찌 좌시하고 구제하지 않을 수 있겠느냐? 학사 대부는 반드시 고금의 제도에 통달하고 있을 터이니, 해묵은 폐단을 제거할 수 있는 방법을 각기 편장에 저술하라. 내 친히 열람하리라."

모든 업무를 직접 챙겨야 직성이 풀렸다는 정조의 성격으로 볼 때 이 문제의 답안지는 아무래도 정조가 직접 검토했으리라 짐작할 수 있다. 문제의 요점은 '안흥에서 조운선이 파선되는 폐단을 막기 위해 포구(바닷물이나 강물이 드나드는 길목)를 파는 방법을 제시하라'는 것인데, 도대체 안흥은 어디이고, 포구를 판다는 것은 또 무슨 소리일까? 조선 시대에 우리나라에 운하라도 팠다는 뜻일까?

고려 때부터 운하 건설에 집착했던 이유

정조의 시험 문제를 풀기 위해서는 일단 조운선의 중요성과 안흥의 위치를 알아야 한다. 조운선은 고려와 조선 시대에 세금으로 걷은 공물과 곡식을 운반하던 배로, 이렇게 배를 이용하여 세금을 운반하던 제도를 조운이라고 한다. 조운은 강과 바닷길을 이용하였는데, 조운의 주요 거점에는 세곡을 운반하고 보관하기 위해 조창이라는 창고를 설치하였다. 조선 시대 전국적으로 설치된 조창의 위치는 다음 지도에서 볼 수 있다. 강과

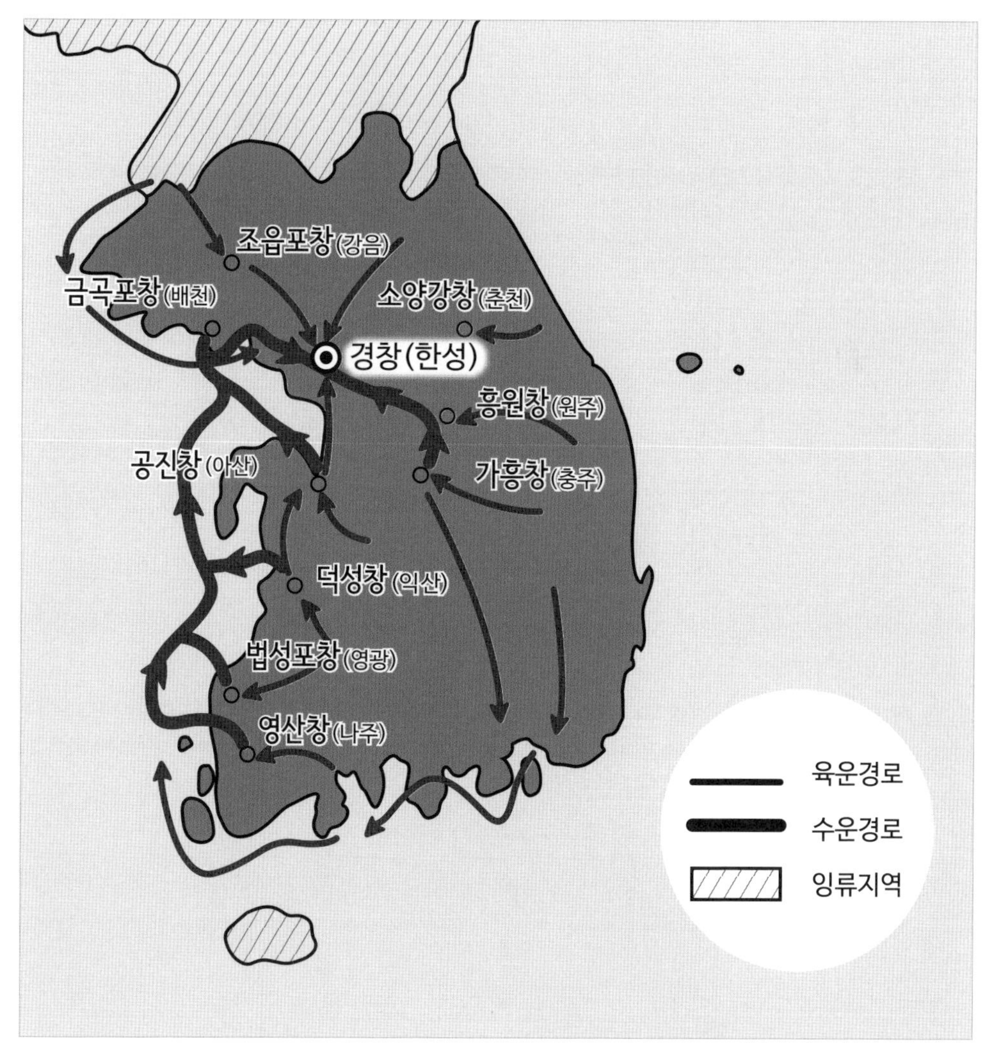

▲ 조선 시대의 조창과 조운로. 평안도와 함경도, 제주도는 조세를 한양으로 이동하지 않고 자체적으로 보관하였다가 군량미나 외국 사신의 접대비용으로 사용하도록 하였다. 이런 지역을 잉류지역이라고 한다.

바다의 출발지와 도착지에 조창을 설치하고 일정 기간 현물 조세를 저장해 두었다가 한양의 경창[7]으로 운송했다.

지도를 보면 육지를 통해 세금을 운반하는 육운 경로 역시 볼 수 있다. 그러나 육로 수송은 말이나 우마차에 실을 수 있는 양이 배에 비해 너무 적었고, 산지가 많은 우리나라 지형을 통과하기에는 시간이 많이 걸렸다. 그래서 강원도와 충청도와 경상도의 일부 지역을 제외하고 세금의 운반은 주로 배를 이용하여 이루어졌다. 특히 호남평야는 예나 지금이나 우리나라 최대의 곡창지대인지라 호남에서 거두어들인 곡물은 덕성창, 법성포창, 영산창에 나누어 모았다가 서해를 이용하여 한양으로 운반하게 되었다.

정조의 골머리를 썩였던 안흥은 바로 이 이동 경로에 자리 잡고 있다. 안흥은 안흥량을 말하는 것으로 태안반도 앞바다를 뜻한다. 태안 앞바다인 안흥량은 전라, 충청, 경상 지방의 세곡을 수도였던 고려의 개성, 조선의 한양으로 운반할 때 반드시 통과해야만 하는 곳이었다. 그러나 안흥량은 바다 쪽으로 돌출되어 있어 파도가 강하고 태안반도의 구릉성 산지가 반도의 끝을 거쳐 해수면 바닥으로 이어져 있어서 크고 작은 섬들과 암초들이 곳곳에 도사리고 있었다. 게다가 조차가 7~9미터에 이르며 조수가

7 조선 시대 경창에는 군자창, 광흥창, 풍저창 등이 있다. 한강변인 서울 마포구 창전동의 유래는 '광흥창 창고의 앞마을'이란 뜻이다. 광흥창의 흔적은 창전동에 있는 6호선 지하철역 '광흥창역'이란 이름으로 남아 있다.

매우 빠르게 흐르고 방향이 수시로 바뀌어 조운선이 전복되는 사고가 잦았다. 이러한 지리적 조건에서 조운선이 태안반도 연안을 안전하게 통과하는 것은 매우 어려운 일이었다. 실제로도 태안반도 앞바다에서 조운선이 침몰되는 사고는 고려 시대부터 조선 시대까지 빈번하게 발생하였다.

조선 시대 침몰한 조운선을 예로 들어보자. 1395년(태조 4년)에 경상도 조운선 16척, 1403년(태종 3년)에 경상도 조운선 64척, 1414년(태종 14년)에 전라도 조운선 66척, 1455년(세조 1년)에 전라도 조운선 54척이 서해에서 가라앉았다. 이 기록들만 살펴도 60년간 안흥량에서 파선된 조운선이 200척에 달한다. 더불어 배와 함께 죽음을 맞은 선원이 1200명이 넘고 배와 함께 가라앉은 곡식의 손실 또한 어마어마하였다. 그뿐만이 아니다. 파손된 조운선을 대신해 선박을 새로 제작하는 데 들어가는 수고와 비용은 또 얼마나 많았을까? 《신증동국여지승람 제19권》 태안군 편에는 안흥량의 이름이 원래 '지나기 힘들다'라는 뜻의 '난행량難行梁'이었으나, 이후 '편안하게 지나는 곳'이라는 뜻의 '안흥량安興梁'으로 바뀌었다고 적혀 있다. 실제로 이곳에서 침몰 사고가 너무 많이 발생하자, 사람들이 난행량이라는 이름을 재수 없다고 여겼던 것이다.

이러한 안흥량의 험한 파도를 피하기 위해 생각한 방법은 지금의 천수만과 가로림만을 연결하는 태안반도의 최단 거리에 운하를 파는 것이다. 내륙에 수로를 건설하여 태안반도를 관통함으로써 안흥량을 거치지 않고 이동하려는 것이다. 태안반도에 운하를 파자는 아이디어는 1134년(인종 12년) 자료에 최초로 나와 있다. 인종은 수천 명의 장정들을 동원하여 태안반도에 운하를 파게 하였으나 성공하지 못하였다. 그 이후에도 여러 임금들이 오랜 시간 이 운하 건설에 매달렸다. 정조의 시험 문제가 1782년에 출제되었으니, 운하 건설에 대한 관심은 고려와 조선 시대를 거치며 600여 년이 지나도록 사라지지 않았던 셈이다.

실패로 끝난 운하 공사

충남 태안군 태안읍에 가면 우리나라에서 가장 오래된 운하인 굴포 운하가 건설되던 자리임을 알려주는 팻말을 볼 수 있다. 굴포 운하의 굴포는 순우리말로 '판개'라는 뜻으로 인공적으로 만든 물길, 즉 운하이다. 안내문에는 굴포 운하라고 적혀 있지만, 이곳의 굴포는 '가적 운하'라고도 부른다. 다음 지도에서 볼 수 있는 것처럼 태안반도 위쪽의 '가'로림만과 천수만 안쪽에 있는 '적'돌만을 잇는 운하로 계획되었기 때문이다.

지도를 보면 고려와 조선 시대의 조운로를 잘 알 수 있다. 조운선이 안면도 아래의 원산도까지 온 후 원산도, 쌀썩은여, 안흥량, 관장목을 경유하여 경창에 이르는 것이다. 안면도 서쪽의 '쌀썩은여'라는 바다 역시 조운선의 사고가 많았던 곳임을 이름에서 유추할 수 있다. 세금으로 걷은 곡식을 실은 조운선이 수없이 침몰하면서 쌀 썩는 냄새가 날 지경이었다는 뜻에서 붙여진 이름이기 때문이다. 즉 서해안의 조운로에는 험한 파도, 위험한 암초와 싸워야 하는 구간이 쌀썩은여와 안흥량, 두 곳이나 있었던 셈이다.

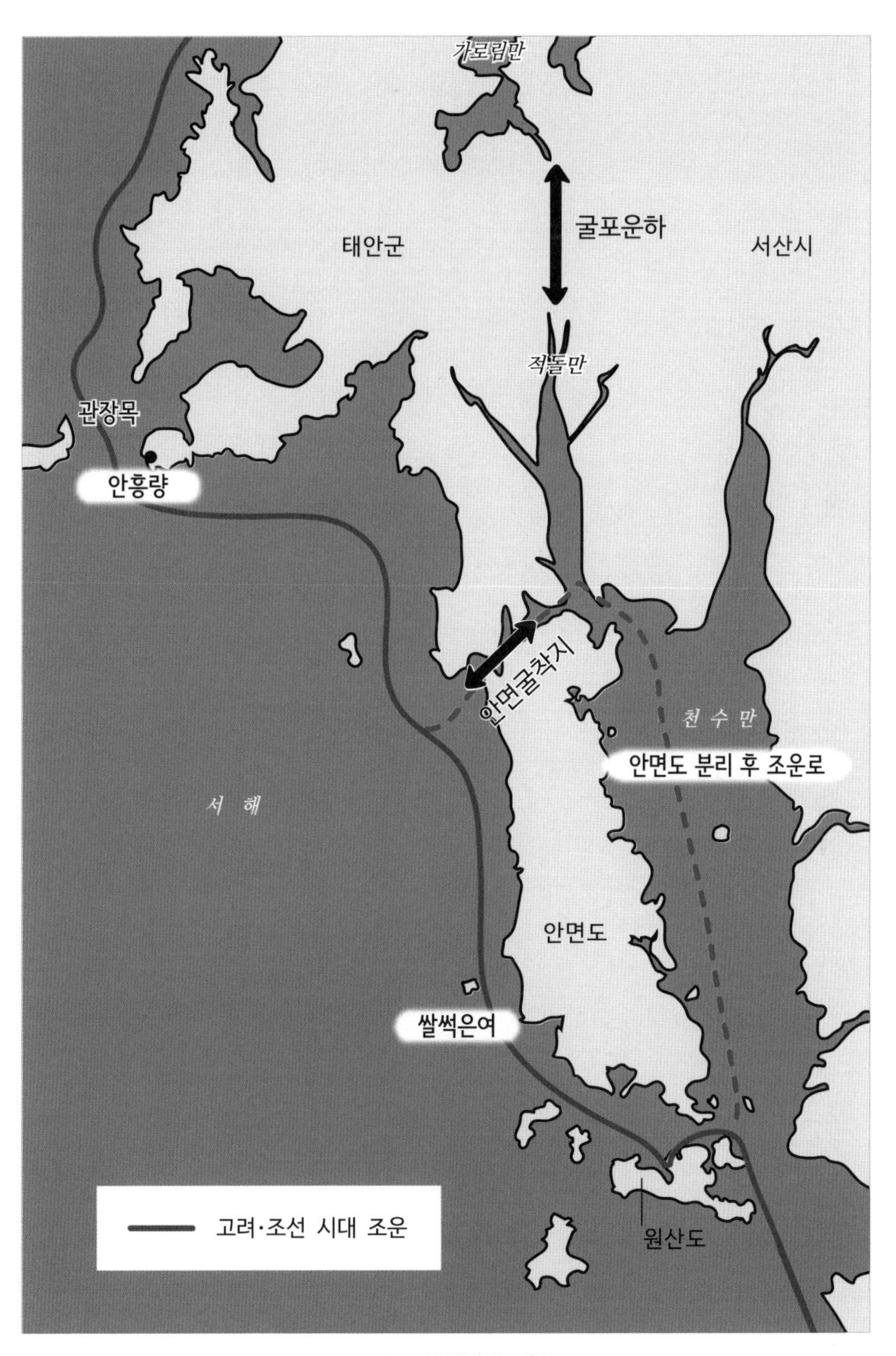
가로림만
굴포운하
태안군
서산시
적돌만
관장목
안흥량
안면굴착지
천 수 만
안면도 분리 후 조운로
서 해
안면도
쌀썩은여
원산도
고려·조선 시대 조운

▲ 고려·조선 시대의 조운로

물론 태안반도로부터 멀리 떨어져 항해하는 방법도 안흥량을 피하는 방법이 될 수 있었겠지만, 이 방법은 당대의 항해 기술로는 안전성을 담보할 수 없고, 항해 거리와 시간이 늘어나는 것을 생각할 때 종전보다 효율성이 떨어지는 방법이었다. 이에 고려와 조선에서는 지도의 굴포 운하 자리에 운하를 파는 방법을 생각했던 것이다.

최초의 시도인 1134년 고려 인종에 이어 다시 운하 건설을 시도한 기록은 1154년(의종 8년)에 나온다. 인종 때와 의종 때는 운하 굴착을 시도하여 10여 리를 팠지만, 불과 7리 정도를 남겨놓고 결국 성공하지 못하였다. 이어 1391년(공양왕 3년)에 예전에 팠던 부분을 이어 파려고 하였으나 역시 실패했다. 조선 시대에도 운하를 건설하려는 노력은 계속되었다. 1395년(태조 4년)과 1397년(태조 6년)에 건설 시도가 기록에 남아 있고, 1412년(태종 12년)에는 저수지를 만들어 물길을 연결하는 방법이 모색되었으나 역시 실현되지 못하였다. 세조 역시 즉위하면서부터 운하 굴착에 관심을 가지고 여러 차례 지형을 살폈다. 1456년(세조 2년)과 1461년(세조 7년)에 운하를 파기 위해 노력했으나 모두 별다른 성과 없이 실패하였다. 1537년(중종 32년)에 이르러서는 굴포 운하 자리 부근에 시험적으로 짧은 운하[8]를 파보았으나 역시 실효성을 거두지 못하였다.

8 중종 때 태안군 소원면 송현리에서 의항리까지 연결하는 의항 운하 건설을 시도하였다. 의항 운하 공사는 6개월 만에 완료되어 중종은 공사 책임자들에게 상을 주었으나, 조수의 영향으로 공사 직후 운하는 무너지고 말았다. 이어 공사 책임자가 운하 공사 때 많은 뇌물을 받고 공사 물자를 사사로이 쓴 사실까지 밝혀져 불과 2년 뒤 삭탈관직을 당하였다.

굴포 운하 공사가 이렇게 번번이 실패하자, 1638년(인조 16년)에는 조운로를 수정하는 최종 대안으로 안면도 굴착 공사를 하게 된다. 원래 안면도는 지금처럼 섬이 아니라, 태안반도의 남쪽으로 길게 연결된 작은 반도의 모습이었다. 그런데 태안반도를 관통하는 가적 운하의 건설이 거듭 실패로 끝나자 차선책으로 지도에서 보는 것처럼 안면도 윗부분의 가장 좁은 부분을 뚫어 지금과 같은 섬으로 만든 것이다. 이에 따라 조운로는 '원산도 → 천수만 → 안면도 굴착지 → 안흥량 → 관장목'으로 수정되어 그나마 험한 바다 중 한 곳이던 쌀썩은여를 피할 수 있게 되었다. 이후 1669년(현종 10년)에 다시 한 번 굴포 운하 공사를 시행하였으나, 이것마저 실패로 끝이 났다.

결과적으로 고려 인종 때부터 조선의 현종 때까지 무려 500년이 넘도록 수천 명의 인부를 동원하여 시도하였던 운하 공사는 모두 성공하지 못했다. 운하 공사가 실패한 이유는 무엇일까? 첫 번째 이유는 단단한 지반 때문이다. 태안반도 전역의 암반은 지질 구조상 화강암이다. 화강암은 지하 깊은 곳에서 마그마가 굳어서 형성되는데, 굳기가 단단한 성질을 가졌다. 오늘날이라면 굴삭기 작업만으로도 화강암을 부수고 깰 수 있겠지만, 조선 시대 삽과 곡괭이 수준의 도구로는 단단한 화강암 암반을 파내는 것이 거의 불가능했을 것이다. 두 번째 이유는 조수간만의 차이가 크기 때문이다. 우리나라 서해안의 조차는 세계적으로 큰 편이라 밀물과 썰물의 왕래가 무척 심하다. 어렵사리 화강암 암반을 파낸다 하여도 밀물이 밀려오면 운하 터가 허물어지고 파낸 자리가 도로 메워졌을 터이니 공사를 하기가 쉽지 않았을 것이다.

현재 운하를 파려던 자리는 흔적만 남아 있을 뿐 오랜 세월이 지나면서 논이나 밭으로 쓰이고 있어 대부분 그 형체를 알아볼 수 없다. 가적 운하 공사는 비록 실패하였지만, 그 자체가 우리 역사에서 독특한 토목 공사의 사례로, 착공 기록과 역사적 현장이 일부 남아 있어 가치가 있다. 또한 우리 선조들이 주어진 지리적 환경을 극복하기 위해 적극적인 의지를 가지고 노력하였다는 것을 보여준다는 점에서 의의가 있다.

우리나라의 지리적 조건과 운하와의 궁합

무려 500여 년에 걸친 노력이 성공하지 못했다는 것을 뻔히 알면서도 운하 건설의 희망을 놓지 않았던 정조, 만약 우리가 정조의 시험 문제를 받았다면 어떤 답안을 내놓을 수 있었을까? 과연 정조의 마음에 들 대안을 만들었을까? 또 조선 시대가 아닌 지금 우리나라의 운하 건설에 대한 질문을 받는다면 그때는 또 어떤 답안지를 낼 수 있을까?

17대 대통령인 이명박은 한반도 대운하 건설을 공약으로 내걸고 당선된 후 수십조 원을 들여 낙동강과 한강을 연결하는 운하 공사에 착수하려다가 국민들의 거센 반대에 부딪혀 계획을 철회한 바 있다. 당시 이명박 정부는 내륙 운하를 이용하면 우리나라 물류에 드는 비용을 획기적으로 줄일 수 있다고 주장하였다. 과연 그러했을까? 운하 공사에 들어가는 막대한 비용과 환경오염 문제를 제외하더라도, 운하의 건설이 우리나라의 지리적 조건과 잘 어울리는 개발이 될 수 있었을까?

운하의 장점은 육상 교통에 비해 한꺼번에 많은 양의 화물을 실어 나를 수 있다는 것이다. 하지만 이것은 운하 이용률이 높아야 현실성이 있다. 우리나라는 유럽과 달리 하계 집중호우의 기후 특성이 나타나는 곳이라 운하의 수송 분담률이 낮을 수밖에 없다. 다른 지역에 비해 운하의 활용도가 높은 서부 유럽의 경우 서안해양성 기후로 연중 비가 내려 수량이 풍부하고 무엇보다 강물의 양이 일정한 편이다. 일정한 수량은 안전한 규모의 선박을 제조하고 일 년 내내 운하를 이용할 수 있게 해준다.

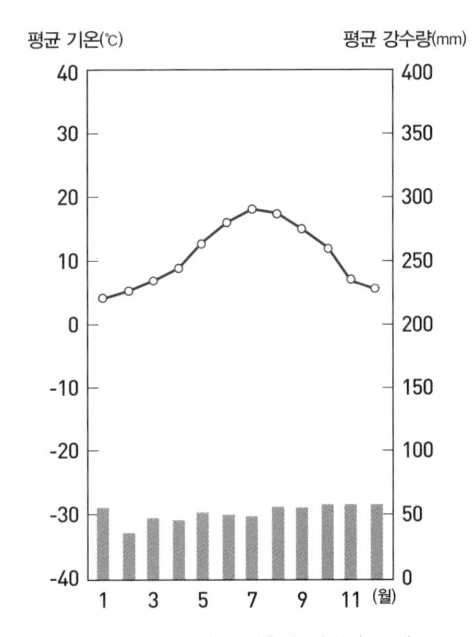

▲ 영국 런던의 월 평균 기온과 강수량 그래프(출처: TWC)

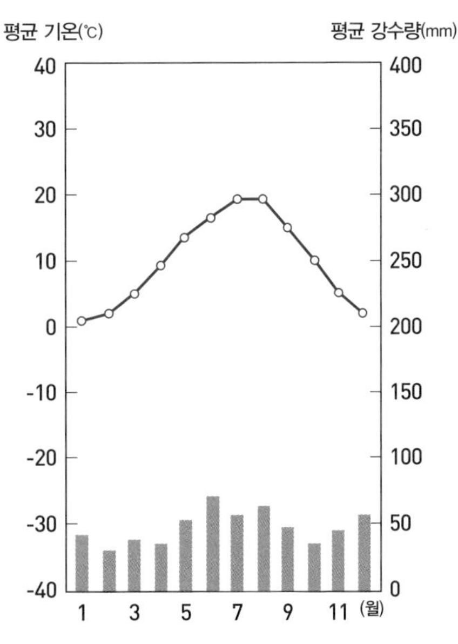

▲ 독일 베를린의 월 평균 기온과 강수량 그래프(출처: TWC)

하천명	하상계수	하천명	하상계수
한강	1 : 90(390)	도네강(일본)	1 : 115
낙동강	1 : 260(372)	센강(프랑스)	1 : 34
금강	1 : 190(300)	라인강(독일)	1 : 18
섬진강	1 : 270(390)	나일강(이집트)	1 : 30
영산강	1 : 130(320)	미시시피강(미국)	1 : 3

* 1. 하천 하상계수는 1 : x의 형식으로 해당 하천의 최소유량과 최대유량의 비율로 표시됨
2. ( )는 댐에 의한 홍수 조절을 하기 전의 하상계수임

▲ 하상계수가 큰 우리나라의 하천

그러나 우리나라는 계절풍 기후대로 여름에는 집중호우로 인한 홍수를 걱정해야 하고 겨울에는 하천 바닥이 드러나거나 심지어 결빙 구간이 나타나기도 한다. 연중 최소 유량에 대한 최대 유량의 비율을 하상계수라고 하는데, 우리나라 하상계수는 표처럼 무척 크게 나타나 하천 교통에 유리하다고 말할 수 없다. 이러한 하천의 유량을 일정하게 유지하기 위한 관리비는 운하의 건설 비용 외에 매년 추가적으로 지출되어야 한다.

둘째, 우리나라의 지형적 조건도 운하 건설에 적합하지 않다. 운하 교통으로 유명한 이탈리아 베네치아의 경우 포강 하류의 낮은 퇴적 지형에 운하를 건설했기 때문에 환경 파괴에 따른 생태계 오염을 최소화했고 운하를 파는 비용도 저렴했다. 그러나 국토의 70퍼센트가 산지인 우리나라의 경우 운하를 건설하기 위해서는 산맥을 넘어 배를 들어 올릴 수 있는 시설의 설계가 필요한 실정이다. 예를 들어 경부 운하의 경우, 이명박 정부는 문경새재(조령)의 해발 140미터 지점에 20.5킬로미터 터널을 건설하

고 터널 양쪽에 한강과 낙동강의 수위를 맞춰주는 19개의 갑문과 이 갑문에 수량을 일정하게 공급할 16개의 댐을 추가로 설치해야 한다고 주장하였다. 운하를 파기 위해 산맥을 통째로 없앨 수는 없는 노릇이니, 산맥 양옆으로 물을 가두는 갑문을 설치하고, 맨 아래 갑문에 화물선을 고정한 후 조금씩 높은 갑문으로 배를 들어 올린 후, 산 가운데에 터널을 뚫어 산맥 반대편으로 보내겠다는 것이다. 그럼 화물을 가득 실은 배는 산지를 통과할 때마다 19개의 갑문이 열리고, 물이 차고 다시 물이 빠지는 과정을 계속 기다려야 한다. 또 누군가는 댐의 물을 갑문으로 공급하고, 갑문을 열고 닫기 위해 근무를 해야 하며, 배가 산맥을 오르락내리락 하는 동안 흔들리지 않도록 고정시키고 푸는 일을 해야 한다. 즉 물류 이동의 핵심을 시간, 비용, 안전이라고 했을 때, 경부 운하는 이 중 어떤 것도 담보해주지 못하는 계획이었다. 만약 산지를 피해 평야의 짧은 구간에만 운하를 팔 생각이라면, 이미 도로와 철도가 발달한 시점에 도대체 운하가 왜 필요하단 말인가?

우리나라의 기후와 지형적 조건이 운하 건설 및 이용에 적합하지 않다는 점 외에 우리나라의 삼면이 바다로 둘러싸여 있다는 점도 간과할 수 없는 지리적 조건이다. 지금은 조선 시대와 달리 항해 기술이 발달하였으므로 꼭 배를 이용해야 한다면 내륙의 운하가 아니라 연안 바다를 이용하면 되기 때문이다. 해운은 바닷길을 이용하므로 운하와 달리 갑문 앞에서 배를 고정시키고 기다리는 시간 없이 일단 출항하면 멈추지 않고 운항할 수 있다.

그런데 실제로 우리나라의 화물 유통량 중 해운을 이용하는 비율은 매우 적다. 2014년 통계청 자료에 의하면 해운의 화물 운송량은 7퍼센트에 불과하고 91퍼센트의 화물 운송은 도로를 이용하고 있다. 트럭에 싣고 운반하는 것이 환적 비용[9]을 줄일 수 있기 때문이다. 한번 트럭에 실은 화물은 도착지에 갈 때까지 다시 짐을 내리고 옮겨 실을 필요가 없어서 시간과 인건비, 화물 파손의 위험까지 모두 줄일 수 있는 것이다.

이러한 우리나라의 지리적 조건을 검토하였을 때 과연 내륙 운하의 건설이 우리나라의 화물 유통에 큰 도움을 주는 개발 방식이었을지는 의문스럽다. 고려와 조선 시대에 운하의 건설은 여러 왕들에게 고민을 안긴 개발 과제였지만, 시간은 흘렀고, 땅은 여기에 남아 있다. 자, 이제 지금 이 시대, 이 땅에 맞는 개발은 어떤 것이 되어야 할 것인가? 주어진 조건을 극복하기 위해 오랜 시간 고민해왔던 선조들의 의지와 노력이 현재에는 어떤 식으로 발휘되어야 할지 지혜를 모아야 할 시점이다.

9 최종 목적지로 가는 도중에 처음 실었던 운송 기관에서 다른 운송 기관으로 화물을 옮겨 실을 때 발생하는 비용

보부상들은 어떻게 역사의 숨은 주인공이 되었을까?

부모에 불효하고 형제간에 우애가 없는 자에게는 볼기 50대, 선생을 속이는 자는 볼기 40대, 술주정을 하면서 난동을 부리면 볼기 20대, 언어가 공손하지 못하면 30대, 젊은이가 어른을 능멸하면 볼기 25대, 질병에 걸린 동료를 돌보지 않으면 볼기 25대와 3전의 벌금. 매우 엄격해 보이는 이런 규정은 어떤 사람들의 벌칙일까? 바로 일부 지역 보부상褓負商들의 벌칙이다. 이효석의 소설 《메밀꽃 필 무렵》은 여러 곳의 장을 돌아다니면서 장사를 하는 장돌뱅이의 이야기이다. 사람들은 장돌뱅이를 다른 말로 보부상이라고 불렀다. 텔레비전에서도 이런 보부상들의 삶을 다룬 드라마를 쉽게 볼 수 있다. 보부상이란 보상褓商과 부상負商을 합친 말로 여러 장시場市와 포구를 돌아다니면서 물건을 거래하는 소규모 상인들을 가리킨다. 파는 물건의 종류에 따라 보상과 부상으로 나누는데 일명 '봇짐장수'라고도 불렸던 보상은 주로 부피가 작고 가볍지만 가격이 비싼 특산물이나 귀금속 등을 취급하였으며, 부상은 어물, 소금, 콩, 질그릇과 같은 부피가 큰 생활필수품을 지게에 얹어 등에 지고 장사를 해서 '등짐장수'라고도 일컬었다.

보부상의 구성과 운영

보부상은 어떤 방식으로 장사를 했을까? 보부상은 판매할 물건을 생산지나 그곳의 시장에서 구입했다. 그것을 등에 매고 그 상품이 생산되지 않는 다른 지역의 시장으로 옮긴 후 판매하여 이익을 남겼다. 이 과정에서 중요한 역할을 했던 사람이 객주이다. 객주는 모든 소상인들의 물주 역할을 했다. 이들은 보부상으로부터 다른 지역에서 온 물품을 매입하거나 반대로 자신이 보유하고 있던 물품을 보부상에게 판매하는 역할을 했다. 이러한 기본적인 상업 활동뿐만 아니라 객주는 은행 업무, 숙박업, 매매 중개업 등 다양한 역할을 수행하였다.

객주는 보부상의 판로를 확보해주었으며 돈이 부족한 보부상에게 외상으로 물품을 내어주기도 했다. 그래서 보부상들은 객주를 주인으로 예우하였다. 그렇다고 둘의 관계가 종과 주인의 관계는 아니었으며 경제적 이해관계가 깊은 사이였다고 보면 될 것이다. 객주는 보부상으로부터 매입한 물품을 다시 시장의 소상인에게 판매하였으며 소비자는 이들 소상인에게 물품을 구매하였다. 시장 상인들 역시 영세하기는 마찬가지였지만, 그나마 한자리에서 장사를 할 수 있었다는 점에서는 보부상보다는 조금

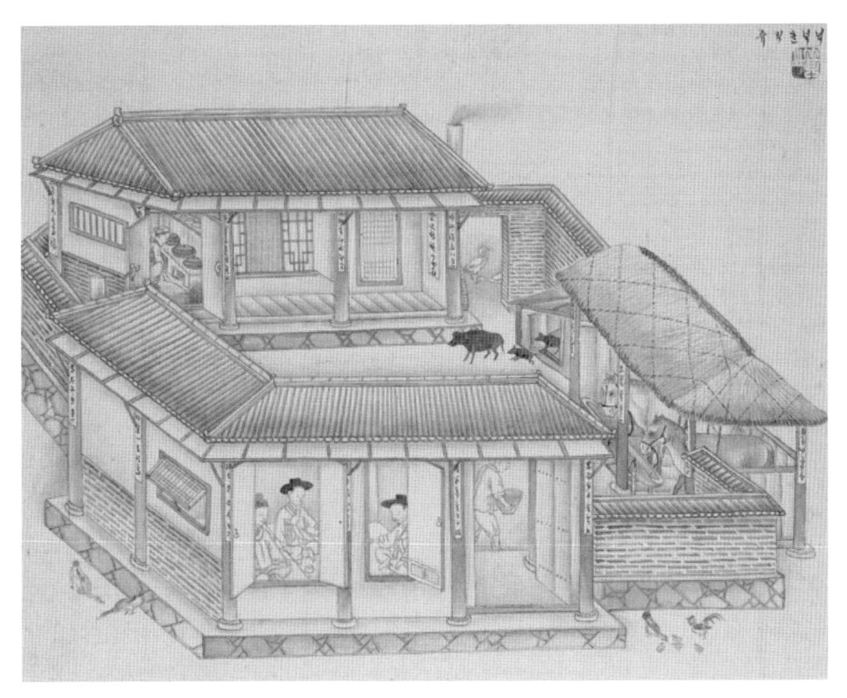

▲ 김준근, 〈넉넉한 객주〉, 《기산풍속도첩》, 19세기 말, 독일 함부르크민족학박물관 소장

형편이 나왔다고 볼 수 있다.

보부상은 대개 가난하고 힘든 삶을 살았던 농민 출신들이 많았다. 나중에는 몰락한 양반이나 수공업자들이 보부상이 되는 경우도 있었지만 모두 어쩔 수 없이 보부상의 길을 택했다는 점은 같다. 처음에 보부상들은 개별적으로나 소규모의 단위로 상업 활동을 하였다. 그러다가 점차 힘을 규합하게 되면서 규모가 커지고 거대한 조직을 갖게 되었다. 상단은 열악한 환경 속에서 하루하루를 살아가는 힘없는 상인들을 보호하는 울타리가 되어주었다. 이들은 강한 연대의식과 강력한 자율적 조직체계를 가지

고 있었다. 정부에서도 이런 보부상의 조직을 인정하여 보부상의 총 본부라고 할 수 있는 임방任房을 설치하도록 허가하였으며 임방의 책임자인 임장은 선거를 통해서 선출하였다.

보부상들은 자신이 보부상임을 증명하는 독특한 신분증을 소지하였다. 이것을 '채장'이라고 하는데 보부상임을 증명하는 동시에 상행위를 할 수 있는 허가증 역할을 했다. 항상 소지하고 있어야만 했던 그 채장의 뒷면에는 다음과 같은 내용이 쓰여 있었다.

"망언하지 말고 패악한 행위를 하지 말고, 음란한 행동을 하지 말고, 도적질하지 말라."

또한 보부상들은 전국의 모든 보부상에게 긴급하게 알려야 할 내용이 있을 경우 사발통문을 발행했다. 사발통문을 받은 보부상은 길에서 만나는 모든 보부상에게 그 내용을 전달해야 했다. 보부상들은 전국을 이동하면서 활동하고 있었기 때문에, 사발통문은 한번 발행하면 짧은 시간 내에 전국에 내용이 전달되는 아주 획기적인 통신 수단이었다. 교통과 통신이 발달하지 않았던 당시에는 가장 빠르고 정확한 통신 시스템이었을 것이다.

물론 아무 때나 사발통문을 발행하지는 않았다. 전쟁과 같은 큰일이 나거나 보부상의 아내가 죽었을 때, 시장에서 부상과 보상 간에 큰 다툼이 있을 때, 혹은 관청이나 일반 대중과 시비가 일어났을 때 발행하였다. 거대한 조직을 갖게 된 보부상은 그 힘을 이용해 일부 상품의 전매권도 획득하였으며 각종 세금도 징수하는 등 세력을 키워나갔다. 그러나 일반 보

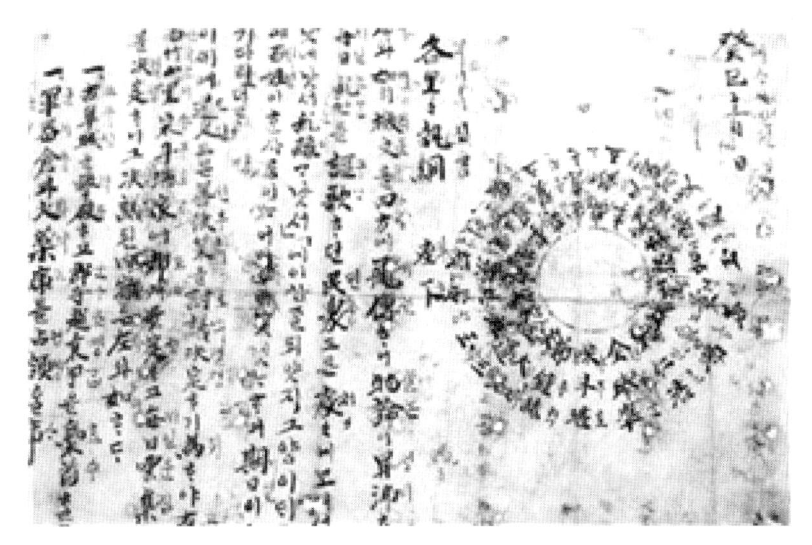

▲ 사발통문은 주동자가 누군지 알 수 없도록 사발 모양의 원형으로 이름을 적은 문서이다.
(출처: 한국학중앙연구원, 김연삼)

부상은 여전히 하루하루 고된 삶을 이어가야 했다.

보부상이 떠돌며 장사를 한 이유

장사는 한 장소에서 계속하는 것이 일반적이다. 그런데 보부상들은 왜 이곳저곳을 떠돌면서 장사를 했을까? 어떤 상점이 한 곳에서 장사를 하려면 많은 비용이 든다. 팔 물건도 사와야 하고, 자릿세도 주어야 하고 인건비도 있어야 한다. 한 장소에서 물건을 팔아서 남긴 이득이 적어도 이러한 비용보다는 많아야 상점이 운영될 수 있다. 상점이 장사를 해서 이익을 남기려면 각종 비용을 상쇄할 수 있는 매출을 올려야 하는데 그러려

▲ 권용정, 〈보부상〉, 간송미술관 소장

면 주변에 상품을 구매할 능력이 있는 사람들이 일정 규모 이상이 되어야 한다. 이러한 인구 규모를 '최소 요구치'라고 한다. 다음으로 상품이 아무리 훌륭해도 너무 먼 곳에서 파는 상점의 물건을 구입하기는 쉽지 않다. 그래서 상점의 물건이 판매되는 공간적 범위는 한계가 있을 수밖에 없는데 이것을 '최대 도달 범위'라고 한다. 상점이 운영되려면 최대 도달 범위 안에 최소 요구치에 해당하는 구매력을 갖춘 인구수가 거주해야 한다. 그런데 조선 시대 이전에는 구매력을 갖춘 인구도 많지 않았고 교통도 발달하지 못해서 최대 도달 범위도 지금보다 훨씬 좁았다. 그래서 한양과 같은 큰 도회지가 아니면 이 기준을 맞출 수가 없어서 상설 상점은 운영되기가 어려웠다.

그렇다면 사람들은 어떻게 필요한 물건을 구입했을까? 지금은 소비자가 상점에 가서 물건을 구입했지만 과거에는 장사꾼이 물건을 들고 소비자를 찾아다녔다. 이런 상인들을 행상이라고 한다. 행상에 대한 기록은

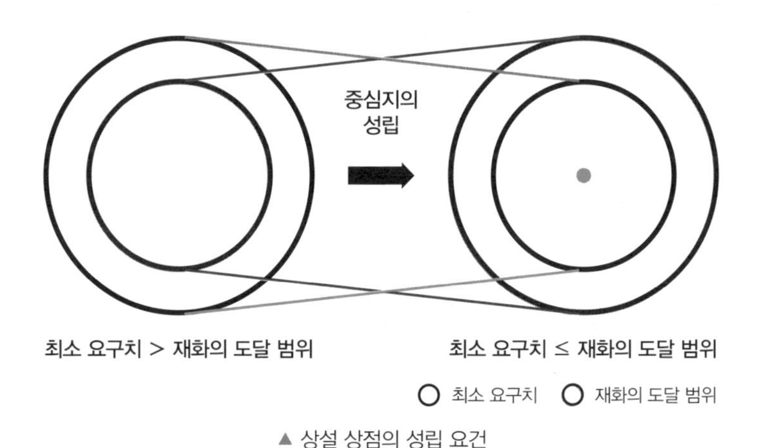

▲ 상설 상점의 성립 요건

과거 통일 신라 시대와 고려 시대에서 찾아볼 수 있다. 조선이 건국되면서 상업은 크게 위축된다. 유교를 통치 이념으로 하는 농업 국가였던 조선에서는 상공업을 장려하지 않았다. 그저 백성들의 최소한의 수요만 충족하고 국가가 필요로 했던 물품만 공급하면 된다고 생각한 것이다. 그러다 임진왜란과 병자호란을 거치면서 상품 화폐 경제가 크게 발달하기 시작했다. 그러면서 장사를 하기 좋은 주요 길목에 자리하고 있는 지방 중심지에 장시가 섰다. 장시란 3일, 5일, 7일 등 일정한 시기별로 돌아가면서 열리는 정기 시장이다. 가령 오일장이 열리는 횡성에서는 2일, 7일, 12일, 17일 등 닷새 간격으로 장이 열린다. 이런 장시가 우후죽순으로 생겨나서 18세기 말부터는 전국에 1000여 개 이상의 장이 열렸다고 한다.

이러한 장시는 보부상들의 장사를 하는 가장 큰 무대가 되어주었다. 그렇다고 보부상들이 장날만 기다려서 장사를 했던 것은 아니다. 그들은 이 마을 저 마을 소비자들을 일일이 찾아가서 직접 물건을 팔기도 하였다. 재화의 도달범위 안에 최소 요구치를 충족하지 못했던 조선 시대에 보부상들은 상품을 등에 지고 이곳저곳을 돌면서 생활에 필요한 각종 물품을 공급해주는 모세혈관과 같은 존재였다.

거대한 네트워크를 통해 정치세력화를 꿈꾼 보부상

보부상들은 대부분 가난하고 크게 배우지 못했으며 사회적으로 매우 취약한 계층에 속하는 사람들이었다. 많은 사람들이 '장사의 신'을 꿈꾸고 보부상의 길로 들어섰지만 실제 그들의 삶은 고된 노동과 위험을 감내해야 하는 거친 삶이었으며 모두가 부자가 되어 윤택한 삶을 살지도 못했다. 그러나 나약하고 힘이 없는 개개의 보부상들이 연합하면서 전국을 망라하는 거대한 네트워크를 가진 조직으로 발전하였다. 힘들고 위험한 일을 함께 하면서 조직원들의 결속력은 그 어느 집단보다도 강하였다. 우리는 해외에 거주하는 우리나라 사람들을 흔히 동포同胞라고 부르고 동포애同胞愛를 강조하곤 한다. '동포'란 표현은 보부상들이 서로 옷을 바꿔 입는 풍습에서 유래된 말이다. 보부상들은 길을 가다 만나면 다음에 만날 날짜와 시간, 장소를 약속하고 서로 옷을 바꿔 입었다. 일심동체를 확인하며 형제 이상의 정을 나누었던 것이다.

이처럼 거대한 네트워크와 강한 결속력을 가진 보부상들의 힘을 조선 조정에서도 결코 무시할 수 없게 되었다. 그래서 이들에게 합법적으로 장사를 할 수 있도록 제도적 장치를 마련해주는 대신 이들이 가진 강점을 적극적으로 활용하였다. 조선의 보부상은 불법 보따리상이 아니라 국가에 등록한 합법적인 상인이었으며 국가에 세금도 납부하였다. 앞에서 살펴보았지만 정부에서는 이들에게 채장을 주어서 이들의 신분을 인정해주었으며 임장, 접장 등을 두어 스스로 이들의 조직을 관리할 수 있도록 하였다. 보부상들은 이러한 정부의 인정과 비호 덕분에 안정적으로 상업 활동을 할 수 있었으며 이에 대한 보답으로 조선 왕실에 충성을 다하게 되었다. 보부상단은 왕실과 황실의 다양한 정책 수행에 참여하였다. 상업과 물류업이 보부상들의 본업이었지만 역사적 현장의 곳곳에서 이들은 본업

이외에 다양한 활동을 하였다. 인조가 남한산성으로 들어갔을 때는 식량과 물자를 전달하는 역할을 하였으며, 정조의 수원성 축조를 돕기도 하였으며, 병인양요 때는 문수산과 정족산에서 프랑스군과 싸우기도 하였다.

역사적으로 활동이 미미해 보였던 보부상들이 조선 왕실을 도와 본격적으로 활동한 것은 구한말 외세의 침략을 겪으면서부터이다. 당시 조선은 제국주의 열강의 침입에 큰 위기의식을 느끼고 있었다. 그러나 외세에 맞설 제대로 된 군대 조직이나 제도적 준비는 갖추지 못한 상태였다. 이러한 상황에서 흥선대원군이 주목한 것은 막강한 조직력과 충성심을 가지고 있던 보부상들이었다. 이때부터 보부상들은 그들의 본업인 장사와 함께 외곽 치안부대로서의 역할도 겸하게 되었다. 그들의 이러한 역할은 동학농민전쟁에서 가장 잘 드러난다. 동학농민전쟁이 발발하자 곳곳에서 일반인들의 통행이 두절되었으며 이로 인해서 보부상들은 이전처럼 장시를 돌거나 마을을 방문하여 장사를 하기가 어려워졌다. 이들은 자신들의 본업인 장사를 원활하게 하고 나라를 위해서 농민군을 제거한다는 명분으로 농민전쟁에 참여하였다. 이들은 곳곳에서 실제 전투에 참여하여 농민군과 싸웠으며 정찰대와 보급대의 역할을 하며 정부군을 돕기도 하였다. 농민군이 어느 정도 제압되자 정부에서는 보부상들이 문제를 일으키지 않도록 무리를 모으는 일을 금지시켰고, 이들은 일단 각자의 본거지로 돌아가 자신의 본업인 장사에 전념하였다.

구한말 조선은 심각한 격동의 시기였다. 내부의 문제도 있었지만 서구 열강과 일본 등 막강한 외세와 맞서야 했다. 문을 걸어 잠그고 전통의 것을 지킴으로써 이를 극복하려고 했던 시도도, 외세의 힘을 빌어서 개혁을 하려 했던 시도도 큰 성과 없이 국가의 혼란만 야기했다. 이러한 변화의 시대에 일반 국민의 뜻을 모아 형성된 자주 독립의 움직임이 나타나게 된다. 바로 독립협회와 만민공동회이다. 물론 당시 이러한 움직임이 왕정을 무너뜨리고 민주주의 국가를 건설할 만큼의 조직력과 추진력을 갖고 있지는 않았지만 정부와 황실의 견제 세력의 역할을 하고 있었다. 그러자 고종은 황제권 강화를 위해 경찰과 시위대 병정의 군사력을 동원하여 이들을 강제로 해산시키고 군대, 사법, 치안을 개편하고 확대하였다. 이 과정에서 보부상단이 주축이 된 조직인 황국협회가 큰 역할을 하게 된다. 황국협회는 청일전쟁 이후 일본 상인들이 개항장을 중심으로 무역을 장악할 뿐만 아니라 도성 내에 상설 점포를 개설하여 조선의 상권을 빼앗아가면서 경쟁력이 없던 국내의 상인들이 몰락해가는 모습을 보고 일본 상인에 대항하여 국내 상업을 부활시킬 목적으로 만들어졌다. 갑오개혁으로 해체되었던 보부상을 비롯한 전국적인 상업 조직이 다시 부활한 것이다. 정부의 보호 아래 설립되었고 활동했던 황국협회는 정부에 비판적이었던 독립협회와 대립하였다. 보수 정치 세력과 연합한 황국협회는 독립협회가 고종을 무너뜨리고 국가 체제를 공화제로 바꾸려한다는 글을 써서 사람들이 다니는 곳의 벽에 붙였다. 이 사건을 빌미로 고종은 독립협회에 강제 해산 명령을 내렸다. 이에 반발해서 서울에 집결한 독립협회와 만민공동회를 보부상 출신의 황국협회 회원들이 습격하면서 큰 충돌이 일어났다. 결국 정부는 군대를 동원해서 독립협회와 만민공동회를 해산시키고 이를 정당화하기 위해 황국협회에도 해산을 명령하였다. 황국협회가 해산되었지만 이는 독립협회 해산을 위한 빌미였기 때문에 보부상들은 상무회의소를 상무사로 변경하여 여전히 활동을 지속해나갔다.

이와 같이 보부상단은 황실의 정책 수행 과정에 동원되어 다양한 역할을 수행하였으며 황실 정부는 일부 상품의 전매권을 부여하고 보부상단으로 등록되지 않는 사람들의 행상을 금지하는 등 충성스러운 보부상단을 적극적으로 보호해주었다. 그러나 일제 강점기가 되자 황실의 수족 노릇을 했던 보부상들을 일제가 탄압하면서 보부상 조직이 와해되었다. 근대적인 상업 방식으로 전환되지 못하고 막강한 일제 자본에 밀려 보부상들은 점차 자취를 감추게 되었다.

이제는 교통과 통신이 발달하여 더 이상 보부상이 필요 없는 세상이 되었지만 20세기 초까지 보부상은 전국 각지에 생활에 필요한 물품들을 공급하는 모세 혈관과 같은 역할을 담당했다. 산지가 국토의 70퍼센트를 차지하고 있는 우리나라는 육상의 도로를 통해 대규모로 물자를 수송하기 어려운 환경이다. 조선 후기 실학자였던 연암 박지원은 청나라에서 수레를 광범위하게 활용하는 것을 보고 크게 감탄했다고 했다. 그러나 우리나라는 평지가 많지 않아서 마차나 우마차 등을 이용한 육로로의 대량 수송이 매우 불리한 자연환경이다. 수로를 통한 물자의 수송이 육로를 통한 물자 수송보다 수십 배나 높은 이득이 있다고 한다. 그러나 우리나라는 물길을 이용한 수운 환경 역시 매우 불리하다. 여름에만 비가 집중되고 나머지 계절에는 강수량이 적어서 하천에 흐르는 유량의 변동이 매우 심하다. 겨울에는 걸어서도 건널 수 있는 정도로 유량이 적지만 여름에는 하천을 가득 채울 만큼의 물이 흐른다. 그 차가 무려 300배가 넘는다. 강수량이 고르게 내려서 계절별 유량의 차이가 없는 유럽에서는 일찍부터 하천을 이용한 수운이 발달하였지만 우리나라는 하천 수운을 통한 물자 수송이 여의치 않다. 이러한 자연환경 속에서 부보상들은 오로지 자신의 신체를 이용해서 전 국토를 돌아다니면서 물자를 공급하였다. 한때 왕실과 결탁하여 민중이나 자주 독립 세력을 배척하고 억압했다는 비난을 받기도 하지만 한편에서 보면 이들은 자주적 근대국가를 만들기 위해 제국주의 침탈을 막고 황제 주도의 근대국가체제를 만들어보려는 또 다른 방식의 노력을 했다고 볼 수 있다. 우리 역사의 곳곳에 등장하는 보부상들은 눈에 띄지 않는 역사의 숨은 주인공들이며 고난과 위험을 감내하며 민족의 생존을 위해 필요한 물자를 공급하는 중요한 역할을 수행했다. 우리 역사에 남겨진 보부상의 모습을 좀 더 들여다본다면 이제까지 보이지 않았던 새로운 역사를 볼 수 있지 않을까?

더 알아보기

조선 시대의 주요 육로

길은 사람이 자주 다니면서 자연스럽게 형성된다. 그러다가 사신의 왕래, 군대의 이동, 물자의 이동 등 국가의 필요에 의해서 폭을 넓히고 포장을 하는 등 정비를 거쳐 비로소 도로의 역할을 하게 된다. 건국 후 조선은 그간의 모든 도

▲ 대동여지도에 표현된 역참. 반으로 갈라진 원이 역참을 나타낸다.

로를 새롭게 정비하는 작업에 착수했다. 당연히 수도인 한양을 중심으로 방사상으로 뻗어 나간 도로망이 새롭게 정비되었다. 재미있는 사실은 도로의 폭에 따라서 대, 중, 소로 구분했다는 것이다. 노폭이 대로大路의 경우는 약 56척(약 17미터), 중로中路는 16척(약 5미터), 소로小路는 1척(약 3미터)으로 규정되어 있다.

조선 시대의 도로는 역로驛路를 중심으로 발달하였다. 역이란 국가의 명령과 공문서, 변방의 긴급한 군사 정보를 전달하고, 외국 사신을 맞이하고, 공공 물자를 운송하기 위하여 설치된 교통 통신 기관이다. 역과 역 사이를 연결하고 있는 도로가 역로이다. 역은 역로를 따라 30리마다 설치하는 것이 원칙이었고 각 역에는 말과 말을 관리하는 역장, 역졸 등이 배치되어 있었으며 이들을 감독하는 찰방察訪 등이 있었다. 김정호가 그린 대동여지도를 보면 당시 역참의 위치가 상세하게 표시되어 있다.

조선 시대에는 한양과 지방을 연결하는 아홉 개의 큰 대로가 있었다. 제1로는 서북쪽 방향으로 돈의문(서대문)에서 시작되어 의주를 연결하는 도로이다. 중국으로 가는 사신이 주로 이용했기 때문에 사행로使行路 혹은 연행로燕行路라고 하였다. 제2로는 서울의 흥인지문을 빠져나와 함경북도 서수라西水羅를 연결하는 도로로 관북로關北路라고도 불렀다. 제3로는 흥인지문에서 시작해 양주를 지나 동해안 평해平海까지 연결되는 길로 오늘날 영동고속국도와 경로가 유사하다. 제4로는 숭례문을 나가서 한강을 지나 경기도 광주廣州와 판교板橋를 거쳐 부산까지 연결되는 도로이다. 제5로는 경북에 있는 유곡역까지 제사로와 같이 가다가 유곡역에서 갈라져 함창咸昌을 거쳐 통영統營까지 연결된다. 제6로는 숭례문을 나서서 공주, 전주 등을 거쳐 통영까지 연결된다. 제7로는 제6로와 삼례까지 경로를 같이 하다가 갈라져서 해로를 통해 제주까지 연결된다. 제8로는 숭례문을 지나 제6로를 따라 소사素沙까지 가서 길을 바꾸어 평택平澤을 경유하여 보령保寧의 충청수영忠淸水營까지 가는 도로이다. 제9로는 돈의문을 지나 양화도를 경유하여 통진通津에 이른 후 수로로 강화까지 연결된다.

비록 교통이 발달하지 않았던 시기였지만 조선의 주요 도로는 오늘날의 도로와 그 경로가 상당히 유사하다. 현대의 도로는 아스팔트로 포장하고, 산을 깎거나 터널을 뚫어서 직선화했지만 당시의 도로는 자연을 훼손하지 않고 구릉과 산길을 따라 나 있었다. 먼 길을 가는 여행자들은 여행 중간에 숙박을 해야만 했다. 관리들은 역참에 있는 숙박시설을 이용했겠지만 일반 여행자나 상인들은 주막을 이용했다. 주막에서는 국밥이나 막걸리 등을 팔았으며 숙박은 무료였다. 요즘 호텔은 숙박을 하면 조식이 제공되는 식이지만 조선의 주막은 음식을 먹으면 숙박이 덤으로 주어지는 식이었다. 여러 명이 한 방에서 자야 했기 때문에 잠자리가 그리 편하지는 않았을 것이다. 주막은 숙박 기능 이외에 은행의 역할도 했다고 전해진다. 당시에 산에는 산적들이 많아서 큰돈을 들고 다니기가 위험했기 때문에 주막에 맡겨두고 다녔던 것이다.

우리나라에 포장도로가 탄생한 것은 대한제국 시절로 고종의 명에 의해서였다. 이후 일제에 의해 본격적으로 근대적인 포장도로망이 정비되었다. 오늘날 도로는 관리 주체에 따라 고속국도, 국도, 지방도 등으로 분류되는데 최초의 고속도로는 1968년 완공된 경부고속도로이다. 이후 지속적인 도로 확충이 이루어졌으며 2019년 현재는 약 4800킬로미터의 고속도로가 51개 노선으로 건설되어 있다.

장시는 언제부터 우리 역사에 등장하게 되었을까?

경기 안성 큰아기 유기 장사로 나간다

한 닢 팔고 두 닢 팔어 파는 것이 자미라

경기 안성 큰아기 숟가락 장사로 나간다

은동걸이 반수저에 색기숫갈이 格이라

안성유기 반복자 연엽주발은 시집가는 새아씨의 선물감이라

안성가신 반저름은 시집가는 새아씨 발에 마침이다

안서유지는 시집가는 새아씨의 빗집감에 마침이라

위 노래는 '안성장터가'다. 유기그릇으로 유명한 안성장은 조선 시대 규모가 큰 장터 중 하나였다. 이 노래는 안성에서 남성에 비해 외부 활동에 제약이 많았던 여성들도 유기, 은제 숟가락, 꽃신 등 지방 특산물을 들고 장터에서 활발하게 상업 활동을 전개했음을 보여준다. 요즘은 그 영향

이 그리 크지 않지만 교통이 발달하지 않았던 과거에는 생활에 필요한 물건을 구입할 수 있던 장날은 매우 기다려지는 중요한 날이었으며 삶의 한 요소였다. 우리 속담에 '가는 날이 장날'이라는 말이 있다. 이 말은 무언가 마음먹고 하려고 했는데 때마침 사정이 생겨 못 하게 된 아쉬움을 표현할 때 주로 쓰인다. 예컨대 오랜만에 먼 곳에 살고 있는 친구를 찾아 갔는데, 마침 그 동네의 장이 서는 날이어서 친구가 장에 물건을 사러 가는 바람에 만나지 못할 때 쓸 만한 말이다. 이처럼 우리 조상들의 삶에 깊이 뿌리 내리고 있는 장시는 언제부터 역사에 등장하게 되었을까?

장시의 등장

문헌에 장시에 대한 기록은 15세기 중엽에 등장한다. 전라도 나주와 무안 지방을 비롯한 여러 곳에서 정기적으로 사람들이 한곳에 모여서 교역을 하였다. 처음에는 보름 간격으로 한 달에 두 번씩 장이 열렸는데 이를 두고 찬반 논쟁이 많았다고 한다. 조선은 건국 초기부터 농업 국가를 표방해서 상업을 억제하는 정책을 추진했다. 백성들이 이윤을 추구하는 장사에 매진하다 보면 농사를 소홀히 하여 국가 재정과 서민 경제가 위협받는다고 생각했다. 전라도에서 처음 장시가 열린다는 것이 알려지자 정부에서는 사람들이 농사를 등한시하고 이익만을 추구해서 장사꾼이 된다면 농토가 황폐화되고 도적들이 발생할지도 모른다고 우려하였다. 그러나 이런 생각과 달리 흉년에 먹을 것이 없을 때 장시에서 필요한 식량이 거래된다면 백성들에게 오히려 도움이 될 수 있다는 의견도 있었다. 이와 같은 찬반 논쟁과 상관없이 장시는 농촌 지역 주민의 삶에 큰 편리를 가져다주었기에 점차 여러 지방으로 확대되었고 열리는 횟수도 잦아졌다. 이렇게 되자 정부에서도 장시를 인정하는 분위기로 바뀌었다. 심지어는 장이 열리는 날짜가 지역별로 겹치지 않게 조절하기까지도 했다.

장시의 수가 급격히 증가해도 우려의 목소리는 계속 나왔다. 명종 때는 고을의 규모에 따라 개설되는 장시의 수를 제한하고 장시가 열리는 횟수도 월 3회로 줄이자는 주장이 나왔다. 그러나 이미 한번 불붙기 시작한 열기를 막을 수는 없었다. 18세기에 이르러 장시의 수는 1000개를 넘게 되었으며 이들 장시의 대부분이 한 달에 여섯 번 열리는 오일장이 대부분이었다.[10] 장시가 정기적으로 열리면서 농촌 생활의 주기가 장날에 맞춰졌다. 돌아오는 장날에 맞춰 날짜를 계산했으며 시장에 상품을 공급하는 수공업자들은 장날에 맞추어 상품을 제작하였고 농부들 역시 장날에 맞춰서 농작물을 수확했다.

장시에서 거래되는 품목 중에는 지리적 특성으로 특정 지역에서만 주로 거래되는 품목들이 많았다. 대표적인 것이 원산의 명태이다. 명태는 한류성 어족이라 남해와 서해에서는 잡히지 않는 어류이다. 이러한 생산물의 차이가 오히려 장시의 시장권을 확장하는 원인이 된다. 즉, 명태

10 《동국문헌비고》에 실린 1062개의 장시 가운데 91.1%가 오일장이었으며, 《임원경제지》에 총 1052개의 장이 수록되어 있는데 그중 905개가 오일장이었다.

는 원산에서 싼값에 거래되지만, 명태가 귀한 강경에서 팔면 훨씬 더 높은 값을 받을 수 있었다. 그래서 상인들은 생산지의 상품을 대량으로 구입하여 원거리까지 운반했던 것이다. 이렇게 각 장시마다 거래되는 품목과 가격이 달랐기 때문에 이에 대한 정보는 상인뿐만 아니라 일반 백성들에게 중요한 정보였다. 조선 후기에 편찬된 지리지, 지도, 읍지 등에는 각 지역의 장시를 비롯하여 상업 교역과 관련된 다양한 항목들이 수록되었다. 장시에 대한 기록은 사찬 지리서에서 더 자세히 기록되어 있다. 《동국문헌비고》, 《임원경제지》, 《여도비지》, 《대동여지통고》 등에는 장시의 개설 유무, 장시의 위치, 장시의 개시일과 장세 등의 정보가 자세히 기록되어 있다. 조선 후기의 많은 실학자들 역시 장시에 대한 부정적 측면을 인정하면서도 민간인들의 교역과 경제 생활에 도움이 된다고 생각하였다. 우리나라 지도 제작의 선구자인 고산자 김정호도 장시를 설립하여 교역하는 것이 국가가 할 중요한 일 중 하나로 보았으며 그의 저서인 《동여도지》와 《여도비지》에 전국의 장시를 자세히 소개하고 있다.

장시의 발달이 가져온 변화

장시의 성장은 도로 교통과 숙박업의 성장에도 영향을 주었다. 보통 가장 가까운 장시까지 걸어서 다녀오는 데에는 하루 정도가 소요되었다. 그러니까 아침에 장을 보러 가면 저녁에 집에 도착하는 정도였다. 장에서 먼 곳에 사는 사람은 장을 보고 오는 데 하루가 넘게 걸리는 경우도 있었지만, 상인과 일반인들이 장으로 통하는 가장 빠른 길을 이용하면서 점차 장 길은 주요 교통로로 성장하게 되었다. 장시와 장시를 연결하는 도로 곳곳에는 주막과 점막들이 들어서면서 더 먼 곳의 장시까지 이동할 수 있는 여건이 형성되었다. 주막은 대개 장터 부근이나 마을과 마을을 이어주는 중간 지점이나 길목, 혹은 나루터 등에 자리를 잡았다. 또한 주요 간선도로가 교차하는 곳이나 상업의 중심지에는 규모가 큰 객주나 여각 같은 시설이 들어섰다. 당시 주막은 단순히 숙박을 하고 음식을 사먹는 장소가 아니었다. 장을 오가는 사람들이 모이다 보니 자연스레 거래가 이루어지기도 했으며 시장에서 어떤 물건이 잘 팔리는지를 비롯해서 각종 정보들을 교환하는 중요한 공간이었다. 조금 규모가 큰 객주와 여각은 상품을 사고 파는 사람을 연결해주는 중개업, 물품을 보관해주는 창고업, 돈을 빌려주는 금융업 등도 함께 수행하는 종합 서비스 센터와 같은 역할을 하였다. 조선 후기에 그려진 지방 지도에 보면 주막의 위치와 이름이 표시되어 있는 것을 볼 수 있는데 그만큼 주막에 대한 정보가 중요했음을 보여준다. 이와 같이 장을 오가는 편리한 도로가 개척되고 이 길을 통한 대량 수송이 가능해지면서 지역 간의 연계성은 더욱 긴밀해졌으며 장꾼과 일반인의 왕래와 순회가 더욱 활발해졌다. 그 결과 특정 장을 중심으로 하나의 거대한 시장권이 형성되었다.

그렇다면 당시 장에서는 어떤 물건들이 주로 거래되었을까? 장시를 대표하는 상품은 역시 생필품인 식량이었다. 쌀, 보리, 콩, 채소, 생선 등이 주로 거래되었는데, 곡물의 경우는 계절에 따라 큰 가격 차이를 보였다.

가난한 농부들은 추수가 끝나서 쌀의 공급이 많은 시기에 쌀을 시장에 팔았기 때문에 많은 이윤을 남길 수가 없었지만, 쌀을 충분히 확보하고 있는 부유한 사람들은 쌀이 귀한 봄과 여름에 쌀을 팔아서 훨씬 많은 이득을 남겼다. 결국 자본의 논리가 당시의 장시에서도 그대로 작동하고 있었다. 식량 다음으로는 또 다른 생필품인 면화, 면포, 명주(비단), 저포와 같은 직물들이 거래되었다. 이러한 섬유 제품들의 생산은 대개 가정의 여성이 담당했다. 보통의 여성은 장이 열리는 5일마다 군포 한 필을 짜서 시장에 내다 팔았다고 한다. 여자들에게 베를 짜는 일은 중요한 부업 중 하나였고 이들의 삶을 더욱 팍팍하게 만들었다. 쌀米과 포布(섬유)는 시장에서 자주 거래되다 보니 자연스럽게 가격 산정의 기준이 되었다. 숙종 이후 시장에서는 금속 화폐가 본격적으로 유통되어 사용되고 있었지만 여전히 물건 값을 매길 때 쌀과 포의 교환가치는 중요한 기준이었다. 가축과 축산 제품들도 중요한 품목이었는데 특히 소의 거래는 대개 새벽에 이루어졌다. 그 밖에도 철물, 연초, 유기, 종이, 토기, 도자기, 목물 등의 다양한 생필품들이 장시에서 거래되었다.

사람들은 장에 가서 물건을 사고 파는 상업 행위만 하지는 않았다. 흔히 장에 갈 때 장을 보러 간다고 말한다. 한자로는 '관시觀市' 혹은 '견시見市'라는 표현을 사용한다. 이 말의 의미는 장에 가서 사람 구경도 하고 꼭 물건을 사지는 않지만 파는 물건을 눈으로 구경한다는 의미다. 요즘 표현으로 하면 아이쇼핑을 하는 것이다. 또 장날에는 사람들이 많이 모이기 때문에 남사당패, 소싸움 등과 같은 볼거리들이 많았다. 장날은 당시 농

▲ 농촌 장날 풍경, 1960년(출처: 국가기록원)

민들에게 삶의 활력을 제공하는 문화와 여가 기능을 수행하였다. 특히 외부 활동에 제약이 많았던 여성들에게도 장은 바깥세상과 자연스럽게 접촉할 수 있는 소중한 통로였다. 통신이 발달하지 않았던 당시에는 장날에 서로의 안부를 묻거나 편지를 교환하기도 하였으며 멀리 살고 있는 친척들에게 각종 소식을 전달하기도 했다.

장시가 성립한 지리적 배경

시장이 매일 열리지 않고 일정한 간격을 두고 주기적으로 열렸던 이유는 당시에는 매일 장이 열릴 만큼의 구매력을 갖춘 인구 규모를 확보하지 못했기 때문이다. 하나의 시장만으로는 최대 도달 범위 내에는 충분한 구매력을 갖춘 인구 규모를 확보하지 못하고 5개 지역을 합쳐야 비로소 최소 요구치가 만족된다. 각각의 시장의 상품이 판매 가능한 범위인 최대 도달 범위 내에 최소 요구치의 5분의 1만 만족되었기 때문에 한 시장은 매일 열리지 못하고 5일마다 열렸던 것이다. 점점 인구가 늘어나서 더 좁은 범위 안에서 최소 요구치가 만족된다면 2~3일 정도마다 시장을 운영해도 충분히 영업이 가능할 것이다.

인구가 증가하면 최소 요구치를 만족하는 범위는 계속 좁아지고 반대로 교통이 발달하면서 최대 도달 범위는 지속적으로 넓어진다. 그리고 결국 최대 도달 범위 내에 최소 요구치를 만족하는 인구 규모를 확보하게 된다. 그렇게 된다면 굳이 돌아다니지 않고 한곳에서 장사를 해도 충분히 수익이 남을 것이다. 이런 과정을 통해서 정기 시장은 매일 장이 열리는 상설 시장으로 발전하게 되었다.

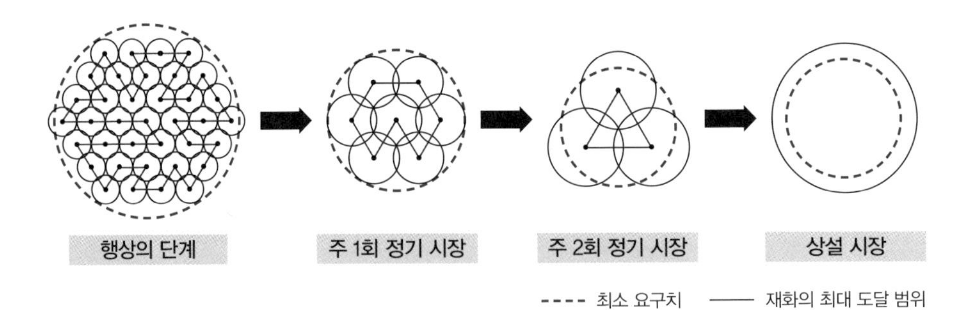

▲ 시장의 발전 과정

상설 시장이 보편화된 오늘날에도 정기 시장은 사라지지 않고 명맥을 유지하고 있다. 오히려 정기 시장이 열리는 장시를 지역 관광의 명소로 활용하는 지역도 있다. 그만큼 장시는 우리 민족의 삶에 깊이 뿌리내리고 있다. 닷새마다 정기적으로 열렸던 장시는 기본적인 상품의 유통 기능 이외에 다양한 기능을 수행했다. 장날이 되면 주변에 사는 사람들이 모여 서로의 소식을 전했고, 문화도 전파하고 교류했다. 농민과 수공업자는 장시가 열리는 날짜에 맞추어 상품을 생산했으며 장날에 맞춰 약속을 잡았다.

또한 장시의 시장권은 그 자체로 하나의 생활권의 역할을 하였다. 교통과 통신이 발달한 오늘날 장시는 화려했던 과거를 뒤로 하고 겨우 명맥만을 유지하고 있다. 2006년 현재 전국의 정기 시장 현황을 보면, 광역시의 15개를 비롯하여 경기도 51개, 강원도 41개, 충북 39개, 충남 49개, 전북 43개, 전남 93개, 경북 97개, 경남 85개, 제주 9개 등 총 522개가 운영되고 있다. 최근 농촌 지역의 인구가 감소하면서 장시의 규모는 더욱 줄어들고 있다. 그런데 재미있는 현상은 도시의 아파트 단지에 일주일에 한 번씩 장이 열리고 있다는 점이다. 말하자면 칠일장인 셈이다. 단지 내에 알뜰장이 열리는 날에는 자못 축제 분위기가 난다. 장을 통해 지역 주민들 간 소통하고 화합했던 조상의 유전자가 우리에게 남아 있는 모양이다. 닷새 간격으로 열렸던 장시는 우리 조상들에게는 단순한 상품 교환과 매매의 장소가 아닌 유흥, 교류, 지역 화합의 공간이었다. 장시와 장날에 대한 이해는 조상들의 삶을 이해하는 중요한 한 부분이다.

더 알아보기 조선 시대의 상설 시장 - 시전市廛과 조석朝夕시장

과거에 왕이 거주하는 도성이나 큰 도시의 경우 도시민들에게 필요한 쌀을 비롯한 식량, 옷감, 연료, 각종 생필품을 직접 생산할 수 없었기 때문에 이것들을 공급해주는 시장이 필요했다. 그래서 삼국 시대 이래로 도시의 발달과 함께 상업 기능들도 함께 성장하였는데 도시의 상업 시설을 시전이라고 한다. 고려 시대에도 시전의 건설은 수도 건설 사업의 중요한 요소였다. 조선 역시 수도 이전과 함께 국가적 사업으로 총 네 차례에 걸쳐 시전 건설 사업을 진행했으며 오늘날의 종로에서 숭례문까지, 그리고 종로에서 흥인지문까지 이어지는 거리에 시전 행랑을 설치했다.

정부에서는 자신들이 정한 사람들에게 시전 건물을 빌려주고 이들에게 세금

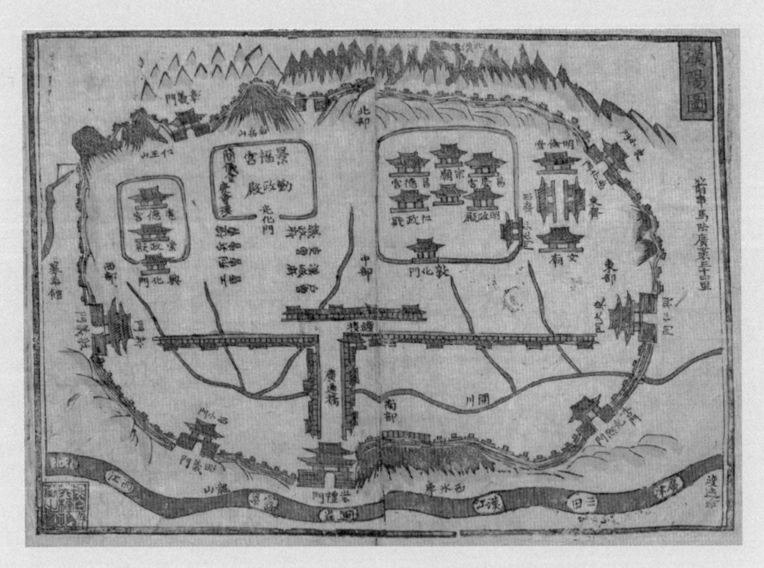

▲ 〈한양도〉, 1770년, 서울역사박물관 소장. T자로 배열된 시전의 모습이 눈에 들어온다.

▲ 김준근, 〈시장〉, 《기산풍속도첩》, 19세기말, 독일 함부르크민족학박물관 소장(출처: 조흥윤)

을 받았다. 시전 상인들은 판매하는 상품별로 상인 조합을 결성하고 그 상품을 독점적으로 판매할 수 있는 권한을 부여받았는데 이를 '금난전권禁亂廛權'이라고 한다. 만일 시전 상인들이 아닌 사람들이 이 상품들을 거래하기 위해서는 반드시 시전에서 물건을 구매해서 재판매를 해야 했다. 금난전권은 본래 육의전에게만 부여되었으나 나중에 일반 시전까지 확대되었다. 17세기에 이 제도가 폐지될 때까지 시전 상인들에게 막강한 특권이 부여되었으며 자유로운 상업의 발전을 저해하는 역할을 하였다. 시전 상인이 늘어나자 정식 상가 옆에 가건물을 지어 물건을 팔던 임시 점포도 생겨났다. 이 임시 점포를 뜻하는 '가가假家'에서 '가게'라는 말이 유래했다.

▲ 남대문 앞 칠패시장(출처: 위키백과)

그렇다면 한양에는 시전만 있었을까? 시전 외에도 시전에서 물건을 받아서 이를 되파는 상인들도 있었다. 이들은 이현(지금의 광장 시장 근처)과 칠패(지금의 서울역 뒤)에서 활발하게 장사를 했는데, 이들의 상업 활동에는 제약이 따랐다. 누구나 상품을 한양으로 들여오면 먼저 시전에 넘겨야 했으며 자신이 팔 물건 역시 시전에서 구입한 것이라야 했다. 이를 어길 경우 금난전권을 가진 시전 상인들로부터 난전亂廛으로 몰려서 물건을 빼앗기고 관리에게 고발을 당하였다. 그러나 금난전권은 조선 후기 민간 상공업의 발달과 함께 정조가 1791년에 '신해통공辛亥通共'이라는 정책을 시행하면서 폐지되었다.

금난전권이 폐지되면서 조선의 상업은 크게 발전했다. 금난전권의 폐지에는 사상도고私商都賈라는 새로운 상인 집단이 큰 영향을 주었다. 이들은 정부의 허가를 받지 않고 개인적으로 활동하는 도매상이었다. 주로 한양으로 상품이 들어오는 길목을 거점으로 하여 막강한 자본력과 조직, 뛰어난 상술로 한양의 상권을 조금씩 잠식했다. 이들은 시전 상인들처럼 그저 한자리에 앉아서 손님을 기다리지 않고 산지에서 직접 물건을 구매하고 소비자를 찾아다니며 장사를 했으며, 놀이패를 고용해서 장터의 흥을 돋우기도 하였다.

조선 시대 지방의 읍성에서도 일시적인 상설 시장이 열렸다. 그곳에서는 일상생활에 필요한 어물, 채소, 연료 등을 판매하였는데 아침과 저녁에 약 두 시간씩 조석으로 시장이 열렸다. 이 조석 시장은 도시의 인구가 증가하면서 20세기에 들어와 상설 시장으로 발전하였다. 주로 읍성을 드나드는 문 주변에 장이 열렸는데 오늘날 지방에 있는 재래시장의 이름 중 서문시장, 동문시장 등 성문의 이름이 들어간 경우가 많은 것은 이 때문일 것으로 짐작할 수 있다.

1937년 강제 이주 당시, 주권을 잃었던 조국은 고려인들의 비극에 제대로 대처하지 못했고, 해방 이후 분단된 조국은 고려인들의 삶에 관심을 두지 못했다. 그러는 동안 소련의 국민으로 살아갈 수밖에 없었던 이들은 독립국가연합 출범 이후 새로운 현지어와 문화에 적응하며 또다시 어려움을 겪고 있다. 연해주에서 중앙아시아로, 다시 국내외로 흩어지는 고려인들의 여정은 조국을 잃는다는 것이 삶에 어떤 영향을 미치는지 가슴 아프게 보여준다.

3부
우리 땅에 대해 무엇을 잊지 말아야 할까?

조선 시대 세계지도에는 무엇이 담겼을까?

콜럼버스가 아메리카를 발견한 1492년으로부터 500년이 흐른 1992년, 미국에서는 콜럼버스의 신대륙 발견 500주년을 기념하는 지도 전시회가 열렸다. 그곳에서 전시된 동양의 한 지도를 보고 세계인들은 놀라움을 감추지 못했다. '아니, 이것이 15세기 초 동양에서 제작된 지도라니 믿을 수 없군. 그 당시 이 나라 사람들은 이 사실을 어떻게 알고 있었던 거지?' 하는 놀라움이었다. 도대체 서양인들은 그 지도에서 무엇을 보았던 것일까? 그 지도는 바로 1402년 조선 태종 2년에 제작된 우리나라의 세계지도, 〈혼일강리역대국도지도〉이다.

1402년에 제작된 〈혼일강리역대국도지도〉에는 중국, 일본 등 아시아뿐만 아니라 당시에는 잘 알려져 있지 않던 아프리카와 아라비아, 유럽까지 나와 있어 당시 조선 사람들이 세계를 얼마나 알고 있었는지 미루어 짐작해볼 수 있다. 지도 속 유럽 대륙에는 100여 개의 지명을 그려 넣었고, 아

▲ 〈카탈루냐 세계지도Catalan World Map〉, 1375년, 프랑스 국립도서관 소장. 해안선의 형태가 매우 정교한 지도이지만, 아프리카 대륙은 북부까지만 나타나 있다.

프리카 대륙에도 나일강과 사하라사막 외에 35개의 지명을 기록하였는데, 이것은 당시의 지도학에서는 없던 일이었다. 특히 바다에 둘러싸인 삼각형의 형태로 완전하게 그려진 아프리카의 모습은 세계인들에게 큰 충격을 안겨주었다. 당시 유럽에서는 아프리카 대륙을 온전한 형태로 그린 지도를 만들지 못했었기 때문이다.

유럽에 아프리카 대륙의 남쪽 모습이 알려진 것은 1488년 포르투갈의 항해가 바르톨로뮤 디아스가 희망봉을 발견한 후부터다. 희망봉은 남아프리카공화국 케이프 반도의 남단에 있는 곶(바다 쪽으로 돌출된 암석해안)의

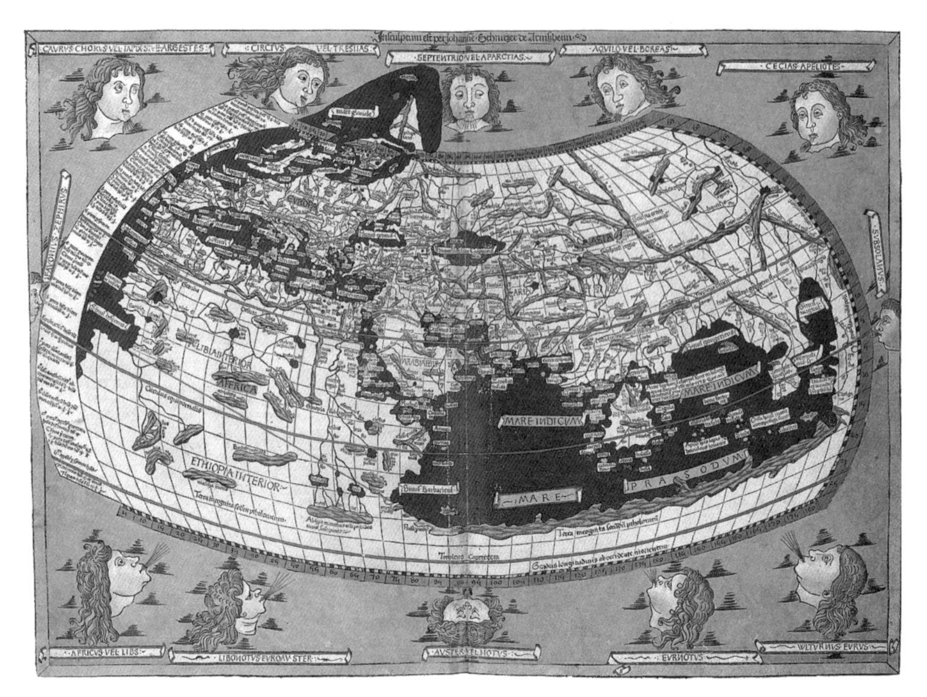

▲ 〈프톨레마이오스의 세계지도 필사본〉, 1482년. 그리스의 지리학자 프톨레마이오스가 2세기에 그린 세계 지도의 필사본으로 15세기 유럽인들의 세계 인식을 반영하고 있어 인기를 누렸다. 지도에서 아프리카는 사하라사막까지 그려져 있고 아시아 대륙과 연결되어 있다.

이름으로, 유럽인들은 이 발견 이후에야 지도에 아프리카 남쪽 해안선을 그릴 수 있었다. 열대 지역으로 내려가면 사람이 살 수 없는 땅이 나타난다고 생각했던 당시의 유럽인은 세계지도의 남쪽 끝으로 아프리카의 사하라 사막까지만 표현했던 것이다.

그런데 어떻게 우리나라 조상들은 유럽인들에 비해 무려 86년이나 앞선 시기에 아프리카 대륙을 온전한 모습으로 그릴 수 있었던 것일까? 〈혼일강리역대국도지도〉에 담긴 지도 제작의 비밀은 무엇일까?

조선이 그린 세계, 〈혼일강리역대국도지도〉

〈혼일강리역대국도지도〉는 1402년에 제작된 세로 158센티미터, 가로 168센티미터의 대형 세계지도이다. 중국을 중앙에 배치하고 동쪽에는 조선과 일본, 서쪽으로는 아라비아 반도, 유럽, 아프리카를 그려 당시까지 알려져 있던 구대륙 전체를 표현하였다. 중국을 지도 중앙에 크게 배치한 것으로 보아 중화사상이 반영되었음을 알 수 있고, 우리나라를 다른 나라들보다 크게 그림으로써 자국에 대한 자신감을 볼 수 있다. 그 자신감 뒤에는 조선 건국의 정당성을 확보하고 왕권을 확립하려는 국가의 의지가 깃들어 있다.

태종은 신생 국가인 조선을 홍보하기 위해서 김사형, 이무, 이회, 권근 등의 신하들에게 조선이 포함된 거대한 세계지도를 제작하게 하였다. 그렇게 탄생한 〈혼일강리역대국도지도〉의 뜻을 풀이하자면, '세계(混一)의 모든 지역(疆理)의 역대(歷代) 국가의 수도(國都)를 그린 지도'라는 뜻이다. 이 지도 속에서 조선은 실제보다 크게 그려져 있고 과거 고려의 수도인 개성이 아니라 새나라 조선의 수도인 한양이 붉은 점으로 위용을 드러내고 있다. 이제는 한양이 세계 여러 나라의 수도와 마찬가지로 조선의 수도로 당당히 자리 잡았음을 말하고 있는 것이다.

지도 하단에 있는 권근의 발문에는 이 지도를 중국에서 들여온 〈성교광피도聲教廣被圖〉와 〈혼일강리도混一疆理圖〉, 그리고 우리나라와 일본의 지도를 합하여 새롭게 제작한 것이라고 기록하고 있다. 또한 지도의 제작 배경을 적어놓았는데 일부만 발췌하면 다음과 같다.

▲ 〈혼일강리역대국도지도〉, 1459년 이전 모사본, 일본 류코쿠대학교 소장

천하는 지극히 넓다. 내중국에서 외사해까지 몇 천·만 리나 되는지 알 수 없다. 이를 줄여서 폭 몇 자의 지도로 만들자면 그게 상세하기는 어려운 일이다. (중략) 지금 특별히 새로운 지도를 만들었다. 정연하고 보기에도 좋아 집을 나가지 않아도 천하를 알 수 있게 되었다. 지도를 보고 지역의 멀고 가까움을 아는 것은 다스림에도 하나의 보탬이 되는 법. 이 지도를 존중하는 까닭은 그 규모와 국량이 크다는 것을 알기 때문이다. (후략)

이 발문은 앞으로 조선이 새로운 왕조로서 세계 속에서도 당당히 천하를 다스리는 국가로 인정받게 될 것이라는 자신감을 보여준다. 〈혼일강리역대국도지도〉에는 조선과 중국이 크고 자세하게 그려져 있는 반면 일본은 상대적으로 작게 그려져 있다. 이를 통해 당시에 일본을 조선보다 작은 나라, 격이 낮은 나라로 보았던 조선 관리들의 세계관을 알 수 있다. 우리나라가 일본에 경계심을 갖게 된 것은 1592년 임진왜란이 계기가 되었다고 볼 수 있으므로 조선 초기에 제작된 이 지도에는 일본을 중요하게 표현하지 않았을 것이다. 자세히 보면 일본은 방위도 잘못 그려져 있다. 지도를 반시계 방향으로 돌리면 일본의 실제 방위와 제법 비슷해진다.

한편 이 지도는 아시아, 아프리카, 유럽을 포함하고 있지만 지중해를 바다가 아닌 강으로 표시하고, 인도 반도를 단순한 해안선만으로 표현하였으며, 아프리카 한복판에 거대한 호수를 그리는 등 오류가 있다. 지도 제작 당시 그 지역에 대한 자세한 정보가 없었기 때문일 것이다. 그러나 같은 시기 유럽의 지도가 아프리카 최남단을 다른 육지와 연결되어 있는

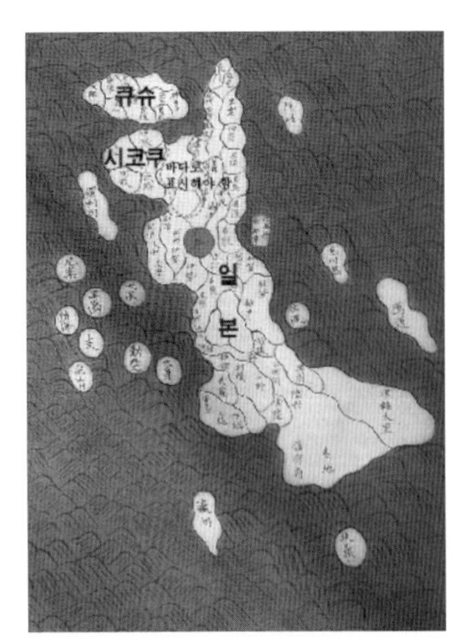

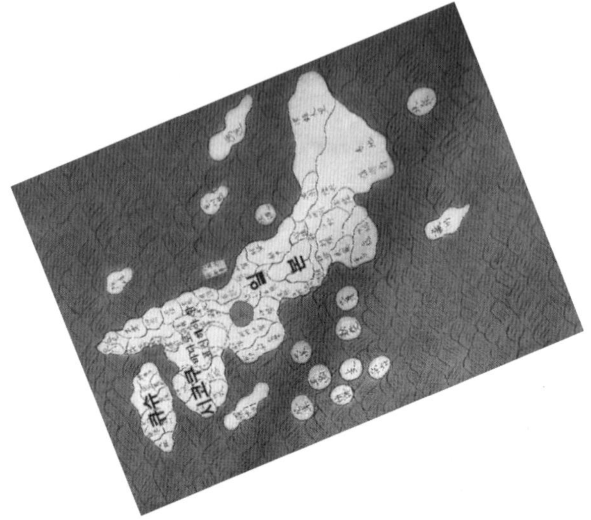

▲ 〈혼일강리역대국도지도〉 속 일본(좌)과 회전시킨 후의 일본(우)

것으로 표현하였다는 걸 생각하면, 한계가 뚜렷하기는 해도 동시대 지도로서는 얼마나 대단한지 알 수 있다. 그리고 그 놀라움의 핵심은 현대의 지도와 비슷할 정도로 정확하게 묘사된 아프리카 대륙에 있다.

지도 속에 숨겨진 문명 교류의 비밀

우리 조상은 어떻게 가보지도 않은 아프리카 대륙의 모양을 유럽인들보다도 먼저 알게 되었을까? 그 해답은 아프리카 나일강의 발원지에 있는 산, '달의 산'을 추적하는 과정에서 발견할 수 있다. '달의 산'이라는 단어는 그리스 지도와 아랍 지도, 그리고 아랍어의 발음을 따라 한자로 기록한 〈혼일강리역대국도지도〉 속 지명에서 모두 발견된다.

고대 그리스인들은 아프리카 나일강의 발원지에 있는 산을 달의 산이라고 불렀다. 이는 현재 우간다에 있는 르웬조리산을 지칭하는 것으로, 그곳 사람들은 산의 정상 부근에 쌓여 있는 눈 때문에 산이 마치 달처럼 빛난다고 하여 이 산을 달의 산이라고 불렀다고 한다. 고대 그리스 상인들은 활발한 무역을 통해 아프리카와 교역을 했고, 이 과정에서 아프리카의 사람들로부터 달의 산의 존재를 알게 되었다. 고대 그리스 지리학자 프톨레마이오스의 세계지도에 덧붙여진 아프리카 지역도에 달의 산이라는 명칭이 처음으로 등장한다.

그런데 길고 긴 중세를 거치면서 유럽에서는 관심 밖으로 밀려난 달의 산에 대한 정보가 어떻게 조선에 전해진 것일까? 그 열쇠는 바로 아랍인들이 쥐고 있다. 아랍인들은 그리스 고전을 아랍어로 번역하여 그 지식을 기반으로 이슬람 문명을 발전시켰다. 책뿐만 아니라 아랍의 지도 역시 고대 그리스의 지도를 바탕으로 발전하였다. 820년, 프톨레마이오스의 《지리학》을 아랍어로 번역한 책에는 나일강 두 물줄기의 발원지에 산이 그려져 있는데, 그 이름이 달의 산이다. 이후 아랍의 지리학자 이드리시가 그린 중세시대의 세계지도 〈알 이드리시 세계지도〉에도 달의 산은 뚜렷하게 나와 있다. 그리고 이곳은 〈혼일강리역대국도지도〉에도 똑같은 모양으로 그려져 있다. 산 위의 지명 역시 달의 산이라는 아랍어를 소리 나는 대로 적어놓았다. 〈혼일강리역대국도지도〉의 유럽 및 아프리카 지명은 이처럼 아랍어 지명에서 유래된 것이 많다.

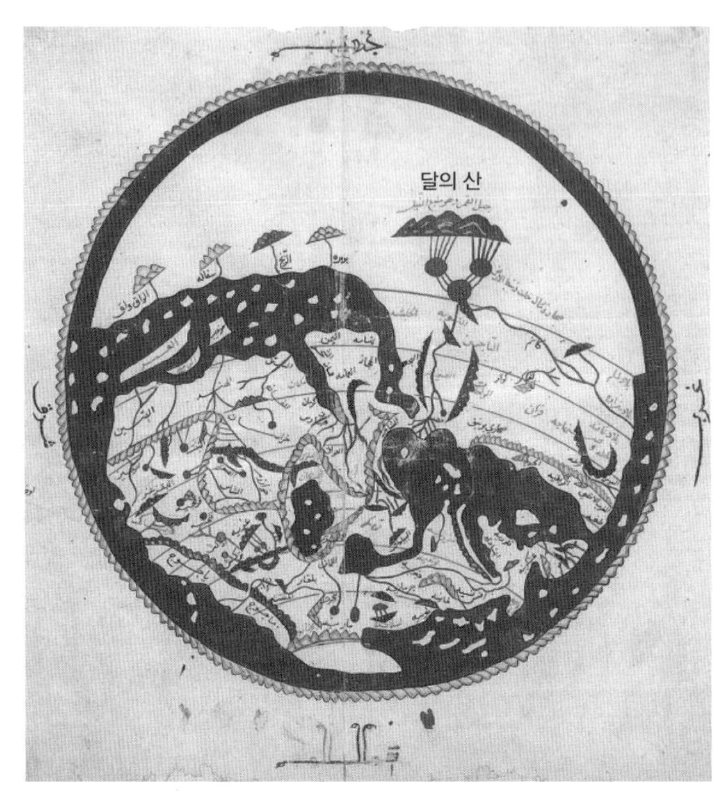

▲ 〈알 이드리시 세계지도〉, 1154년, 영국 옥스퍼드대학교 보들리언 도서관 소장. 이슬람식 지도 제작법에 따라 지도 중심에 아라비아 반도(메카)를 두고 남쪽을 위로 하여 그린 지도이다. 나일강 물줄기가 난 곳에 그려진 산의 이름을 달의 산으로 적고 있다.

다시 처음으로 돌아가보자. 1992년 지도 전시회에서 서양인들이 〈혼일강리역대국도지도〉를 보고 놀란 이유는 바로 이 지도가 동서양 문명 교류의 증거를 잘 드러내주는 징표이기 때문일 것이다. 고대 그리스 문명이 아랍 문명에 영향을 미쳤고, 아랍 지역의 이슬람 문명은 다시 중국을 거쳐 조선의 세계 인식에 영향을 미쳤다. 〈알 이드리시 세계지도〉에 덧붙여

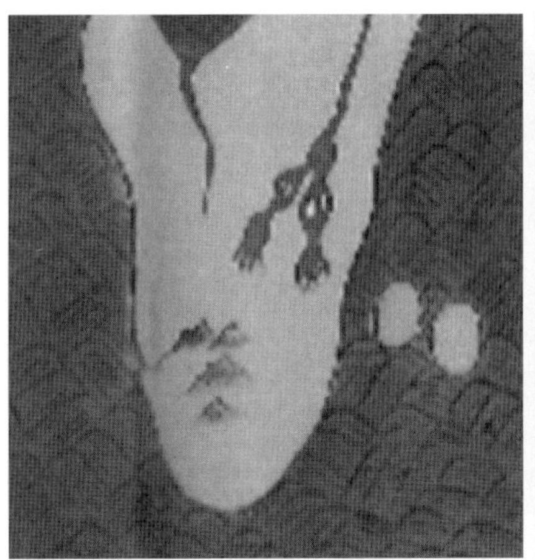

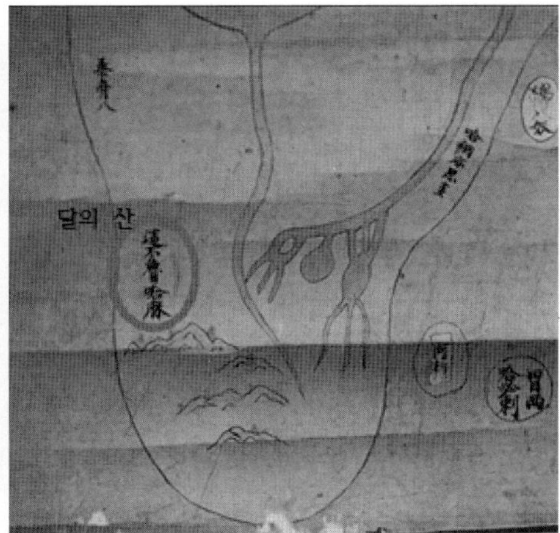

▲ 아프리카 나일강의 발원지를 표현한 〈혼일강리역대국도지도〉(부분). 왼쪽은 류코쿠대학교 소장본 지도이고 오른쪽은 혼묘지 소장본 지도이다. 동그라미 부분은 아랍어를 소리 나는 대로 적은 것이다.

진 아시아 지역도에는 '신라'라는 명칭이 적혀 있어서 그 당시 아랍과 우리나라의 문명 교류의 단면을 엿볼 수 있다.

〈혼일강리역대국도지도〉는 현재 전해지는 우리나라의 세계지도 중 가장 오래된 지도임은 물론, 신대륙이 본격적으로 알려지기 이전의 지도로서 세계적으로도 훌륭하다고 평가받고 있다.[11] 그런데 이 지도는 현재 우리나라에서 찾아볼 수 없다. 1402년에 제작된 원본은 남아 있지 않으며 4

11 유럽과 아프리카가 그려진 또 하나의 지도로는 중국의 〈대명혼일도〉를 들 수 있다. 원래 이 지도가 알려질 당시 지도 제작 연대는 16세기 후반으로 추정되었으나, 최근 중국은 이 지도의 제작 연도를 명나라 초기인 1389년이라고 밝혔다. 지도 제작자나 발문은 남아 있지 않다. 한반도와 일본을 제외한 전체적인 형태는 〈혼일강리역대국도지도〉와 비슷하다. 이 지도의 제작 시기에 대해서는 논란이 있기는 하지만, 두 지도의 차이점이나 제작 시기를 따지기보다는 상호 보완적인 관점에서 두 지도를 이해하면 좋을 것이다.

▲ 〈대명혼일도〉, 중국 제1역사당안관 소장

종의 사본이 제작되었는데, 모두 일본에 소장되어 있다. 일본의 류코쿠대, 텐리대, 혼묘지, 혼코지 소장본이 〈혼일강리역대국도지도〉의 사본으로 여겨지며, 류코쿠대학교 소장본이 가장 원형을 잘 보존하고 있는 것으로 파악된다. 우리나라의 규장각에도 〈혼일강리역대국도지도〉가 있지만, 그것은 1968년에 류코쿠대학교 측이 보관하고 있는 지도의 사진을 입수하여 오랜 기간에 걸쳐 옮겨 그린 것이라고 한다.

우리나라에서 만들어진 자랑스러운 이 지도들을 우리나라가 아닌 일본에서 보관하고 있는 이유는 무엇일까? 일본인 지리학자 츠지 료조는 그의 논문 〈이조의 세계지도〉에서 임진왜란 때 조선을 침략한 도요토미 히데요시가 이 지도를 약탈해 갔다고 기록하고 있다. 우리 문화재에 대한 일본의 수탈은 임진왜란 때부터 대한제국 시절, 일제 강점기에 이르기까지 오랜 기간에 걸쳐 지속적이고 조직적으로 자행되었다. 현재 환수되지 않고 일본에 남아 있는 우리나라의 문화재는 6만 점이 훨씬 넘는 것으로 알려져 있으며, 특히 임진왜란 때 약탈해 간 문화재는 정확한 자료가 없어 알려진 것보다 그 수가 더 많을 것이라고 추측하고 있다.

세계적으로 당대 최고 수준의 세계지도로 인정받는 〈혼일강리역대국도지도〉가 우리나라에 없다는 사실은 한 국가가 식민지를 경험한다는 것이 결코 과거의 사건으로 끝나는 것이 아니라 현재에도 지워지지 않는 상처로 남는다는 것을 뚜렷이 보여주고 있다. 아무쪼록 일본과 우리나라 사이의 역사를 바로 세우는 작업을 통해 일본에 빼앗긴 우리나라의 문화재를 환수하는 방안이 논의되기를 바란다.

더 알아보기

모든 지도에는 세계관이 숨어 있다

2017년 3월 말, 미국 보스턴의 모든 공립학교에서 전 교실의 세계지도를 교체한 것이 기사화된 적이 있다. 학교 지도를 교체하는 것이 왜 세계적인 화젯거리가 되었을까? 일단 어떤 지도에서 어떤 지도로 교체된 것인지 살펴보자.

다음 페이지에 있는 두 개의 지도 중 어느 것이 더 익숙한가? 아마 많은 사람들이 위의 지도가 정상적이고, 교체된 아래 지도가 이상해 보인다고 생각할 것이다. 아래 지도는 뭔가 어색한데, 가만 보면 미국과 유럽의 면적이 그동안 알고 있던 것보다 훨씬 더 작다. 대신 상대적으로 커진 아프리카가 한가운데를 차지하고 있다. 익숙한 위 지도는 우리나라에서도 일상적으로 사용해온 메르카토르 도법을 적용한 지도이다. 아래 지도는 페터스 도법을 적용한 지도인데, 메르카토르 지도와 달리 각 대륙의 면적을 실제 비율에 맞춰 조정한 것이다. 다시 말하면, 메르카토르 지도 속 대륙의 면적은 실제 비율과 달랐다는 말이 된다. 이게 사실일까? 보스턴 교육당국은 지도 교체 작업에 대해 "이는 패러다임의 전환이며 학교 교육 과정의 탈식민주의 개편 과정의 일환"이라고 강조하였다. 고작 지도 한 장 바꾸는 것 가지고 너무 거창하게 표현하는 것은 아닐까?

사실 구체인 지구의 형태를 줄여서 평면에 똑같은 모습으로 펼쳐놓는 일은 불가능하다. 그래서 모든 지도는 운명적으로 무엇인가 왜곡된 채 탄생한다. 지도를 그리는 사람은 어쩔 수 없이 삼차원의 지구 모습 중 무엇을 중심으로 지도를 그릴지 선택해야 한다. 메르카토르가 지도에서 중요하게 살린 것은 각도였다. 메르카토르는 '원통도법[12]'이라는 방법을 응용하여 자신이 고안한 방식으로 지도를 그렸다. 결과적으로 지도의 모든 지점에서 위쪽은 항상 북쪽이 되며 방위와 각도가 정확한 지도가 나왔는데, 이는 식민지 개척 시대 항해사들에게 열렬한 환영을 받았다. 지도 위에 출발점과 목적지점을 연결한 직선(항정선)의 각도가 정확하기 때문에 이를 따라 항해하면 목적 항구에 쉽게 도착할

12 지구본을 원통으로 둘러싸고 빛을 투영하여 그림자가 지구본을 둘러싼 평면에 비치도록 전개하는 도법. 적도상인 저위도 지방은 비교적 정확하지만, 고위도 지방일수록 확대되는 단점이 있다.

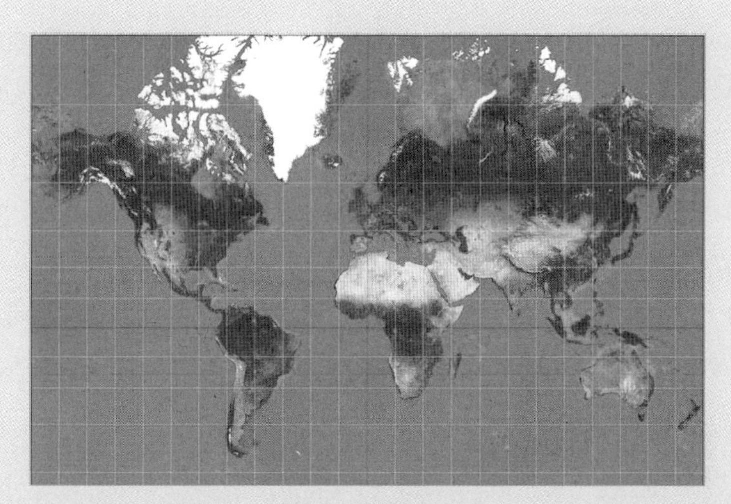

▲ 교체되기 전 지도(출처: 위키미디어). 지리학자 헤라르뒤스 메르카토르가 1569년에 완성한 메르카토르 도법을 적용했다. 원통도법을 응용하여 그린 이 지도는 경선의 간격은 고정되어 있으나 위선의 간격을 조절하여 각도 관계가 정확하도록 되어 있다. 그 결과 항해사들이 지도에 직선으로 표시된 장거리 항로로 항해를 할 수 있게 되면서 메르카토르 도법은 불후의 명성을 얻게 되었다.

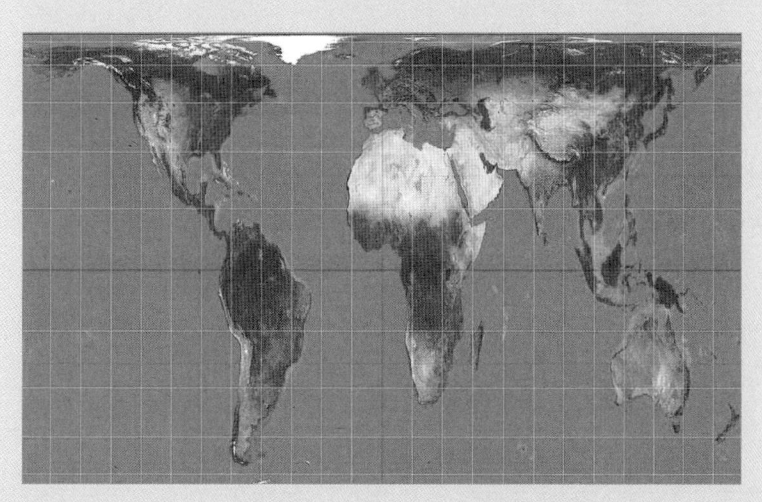

▲ 교체된 지도(출처: 위키미디어). 독일의 역사학자이자 지도 제작자인 아르노 페터스가 메르카토르 지도의 단점을 극복하기 위해 1974년에 고안한 페터스 도법을 적용했다. 이 지도는 각국의 면적 비율을 실제와 거의 비슷하게 나타내고 있지만, 면적을 수학적 계산으로 보완하였기 때문에 대륙의 모양이 왜곡되어 나타난다.

수 있었기 때문이다.

메르카토르 지도는 원통 도법의 특성상 적도에서 고위도로 갈수록 면적이 확대되는 단점이 있었지만, 이 단점은 오히려 유럽의 지도 구매자들을 만족시켰다. 지도에서 적도 부근의 국가들은 작게 그려졌고, 고위도에 있던 유럽 열강들은 실제보다 훨씬 크게 그려졌기 때문이다. 이 지도를 보며 유럽의 열강들은 강력하고 힘센 북반구의 유럽 국가들이 작고 나약한 적도 부근 국가들을 식민지로 삼는 것을 자연스럽게 생각했던 것은 아닐까? 어쨌든 유럽에서 인기 만점이었던 이 지도는 식민지 개척 과정을 통해 전 세계로 퍼져 교육용 지도로 널리 보급되어왔다.

그럼 페터스가 지도를 그릴 때 신경 쓴 것은 무엇일까? 그는 북반구 서구 중심의 세계 인식에서 벗어나 그동안 소외되었던 제3세계 국가들을 있는 그대로 드러내고 싶었다. 이를 위해 페터스는 대륙의 면적 비율을 실제적으로 나타내려고 노력하였다. 그러자 북아메리카 대륙의 면적이 아프리카 대륙의 3분의 2 정도에 해당하고, 서구 유럽의 면적 합이 인도 반도와 견줄 만한 크기라는 것이 드러났다.

사람들은 지도가 객관적인 사실을 담은 것으로 생각한다. 하지만 실제로 지도는 그것을 만들고 사용하는 사람들의 가치관이 반영된 채로 그려진다. 바꾸어 말하자면, 지도를 분석함으로써 그 지도가 만들어진 시대나 지도 제작자의 가치관, 역사적 상황 등을 추리해볼 수 있다. 이러한 특징은 세계에 대한 정보가 부족했던 고지도 제작에서 더 적나라하게 나타난다. 그러나 현재의 지도 역시 무엇을 중심으로 지도를 표현할 것인가를 선택해야 하는 것은 마찬가지이다. 우리가 단순히 '지도를 본다'라고 하지 않고 '지도를 읽는다'라고 말하는 이유가 바로 여기에 있다.

간도는 어떻게 우리 영토에서 사라졌나?

계절이 지나가는 하늘에는

가을로 가득 차 있습니다

나는 아무 걱정도 없이

가을 속의 별들을 다 헤일 듯합니다

가슴 속에 하나 둘 새겨지는 별을

이제 다 못 헤는 것은

쉬이 아침이 오는 까닭이요,

내일 밤이 남은 까닭이요,

아직 나의 청춘이 다하지 않은 까닭입니다

별 하나에 추억과

별 하나에 사랑과

별 하나에 쓸쓸함과

별 하나에 동경과

별 하나에 시와

별 하나에 어머니, 어머니 (중략)

어머님,

그리고 당신은 멀리 북간도에 계십니다 (후략)

이 시는 윤동주 시인의 '별 헤는 밤'이다. 별 하나에 아름다운 말 한 마디씩을 불러보던 청년 시인은 끝내 조국의 광복을 보지 못하고 침략자의 감옥에서 눈을 감았다. 1917년 북간도 지린성 명동촌에서 태어난 윤동주는 1943년 항일 운동 혐의로 후쿠오카 형무소에 투옥되어 1945년 2월 16일에 28세의 짧은 생을 마쳤다. '별 헤는 밤'의 전반부에는 타향에서 밤하늘의 별을 쳐다보며 유년 시절을 회상하고, 어머니를 그리워하는 내용이 담겨 있다.

그런데 윤동주의 어머님이 계시다는 '북간도'는 어디일까? 사실 북간도는 윤동주의 고향이기도 하다. 윤동주는 간도 이주민 3세이기 때문이다. 19세기 말 청나라의 '봉금 정책[13]'이 풀리고 함경도와 평안도 일대에 기근이 심해지자 기아에 시달리던 사람들은 너도나도 간도와 연해주 등지로 터전을 옮겼다. 윤동주의 증조부 윤재옥도 1886년 함경북도에서 간도로 이사하여, 윤동주는 간도에서 어린 시절을 보냈다.

도대체 간도는 어떤 곳이길래 우리나라 사람들이 몇 대에 걸쳐 살았던 것일까? 윤동주가 바라봤던 별이 빛나고 어머니가 계시던 그리운 땅, 윤동주의 고향이자 그의 무덤이 있는 그곳, 간도는 우리에게 어떤 의미가 있는 곳일까?

'간도'는 어디에 있는가?

윤동주의 고향인 북간도가 어디인지를 알기 위해서는 먼저 만주와 간도의 위치를 알아야 한다. 북간도는 간도의 일부이고, 간도는 만주의 동남부 지역을 일컫는 말이기 때문이다. 만주는 중국의 동북 지방으로서 현재 중국의 랴오닝성遼寧省, 지린성吉林省, 헤이룽장성黑龍江省과 내몽고 일부 지역을 포괄적으로 부르는 이름이다. 만주 지역 중에서도 특히 우리 민족과 밀접한 관련이 있는 지역인 간도는 지도에서 보듯이 '만주의 남쪽 지역'이라 할 수 있다. 지도에 표현된 것처럼 간도는 백두산을 기준으로 백두산의 서쪽인 서간도, 백두산의 북쪽인 북간도(혹은 동간도라고도 함)로 나

13 봉금封禁 정책은 청나라가 자기 민족의 발상지라고 여기는 만주 동북 지역 산해관 일대를 봉쇄함으로써 관내의 한족들이 동북에 이주하는 것을 막고자 했던 정책이다. 17세기에 청나라는 압록강 하류의 란반에서 봉황성을 거쳐 애양문, 함창문, 왕청문에 이르기까지 버드나무 울타리를 세워 봉쇄하고, 그곳에 들어가 거주하거나 농사짓는 것을 엄격히 금지하였다.

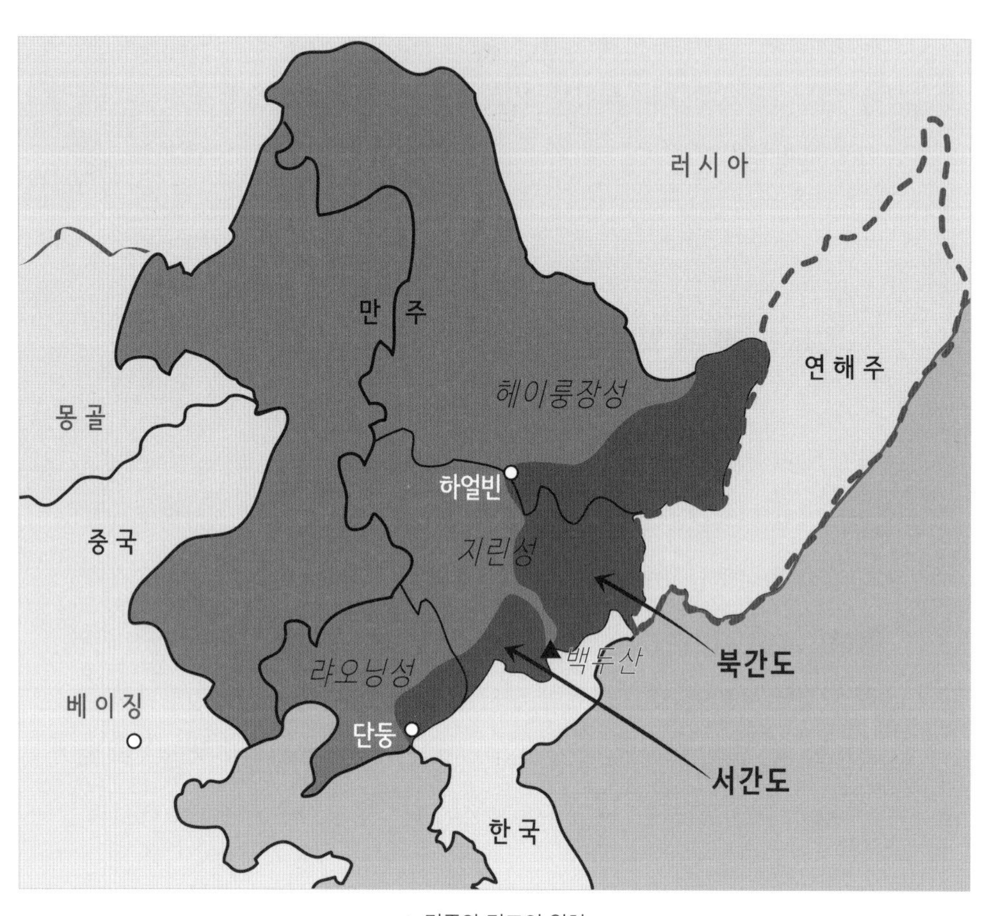

▲ 만주와 간도의 위치

된다. 최근에는 간도 중에서도 북간도 지역만을 간도라 칭하기도 한다. 두만강 너머의 북간도 지역에는 현재 지린성 옌지시延吉市를 중심으로 옌볜 조선족 자치구가 형성되어 있다.

간도間島는 한자로 '사이 섬'이란 뜻이지만 섬은 아니다. 일설에는 간도가 두만강과 송화(쑹화)강 및 흑룡(헤이룽)강 등으로 둘러싸여 있어 마치 섬과 같았기 때문에 간도라고 불렸다고 한다. 또 조선 후기 우리나라 사람들이 두만강 이북으로 이주해 살면서 개간한 땅이란 뜻으로 '간토墾土'라고 부른 것이 간도로 바뀌었다는 설도 있다.

간도는 어떻게 우리 영토에서 사라졌는가?

간도는 우리나라 고구려와 발해의 옛 영토이다. 926년에 발해가 멸망한 후에는 여진족(이후 만주족이라 칭함)이 들어와 살게 된 땅이기도 하다. 간도가 영토 분쟁 지역으로 떠오른 것은 17세기 만주족이 청나라를 세운 후 자신들의 근거지인 만주를 비우고 중국 본토로 입성하며 이곳의 출입을 금지하였기 때문이다. 여진의 후예인 청나라가 간도 일대를 조상의 발상지로 신성시하며 봉금 지대封禁地帶로 선포한 것이었다. 청의 출입금지 정책 후 자연스럽게 주인 없는 땅이 된 간도에는 두만강을 넘어 새로운 삶터를 개간하려는 우리나라 사람들이 다수 이주하여 살게 되었다.

그러던 중 청의 유민들과 조선의 유민들 사이에서 분쟁이 자주 일어나자 청나라는 1712년(숙종 38년) 양국의 불분명한 경계를 조사하기 위해 목

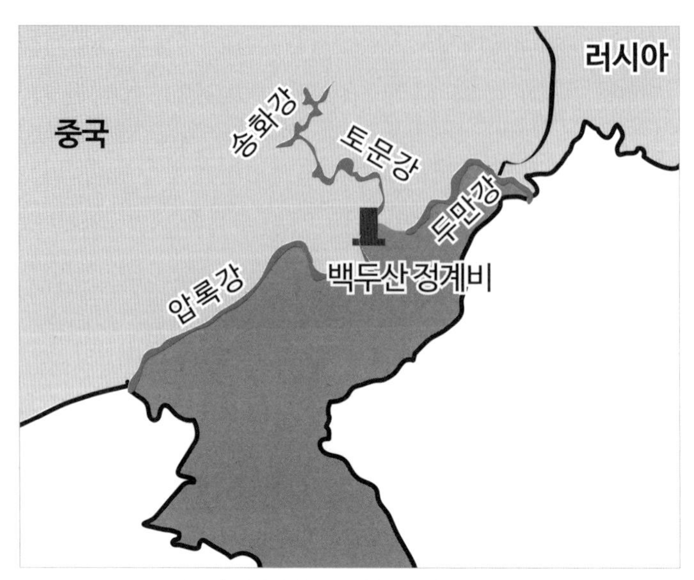

▲ 백두산 정계비와 백두산에서 발원하는 강 위치

극동을 파견하여 국경 실사를 실시하였다. 목극동은 조선의 대표인 박권과 회담하고 백두산 남동쪽 약 4킬로미터, 해발 2200미터 지점에 "서위압록 동위토문西爲鴨綠 東爲土門(서쪽은 압록강, 동쪽은 토문강을 국경으로 함)이라는 문구가 포함된 백두산 정계비를 세웠다. 압록강은 백두산에서 서쪽으로 흐르는 강이고, 토문강은 백두산에서 북쪽으로 흐르다가 송화강에 합류하는 하천이다. 우리나라 입장에서는 간도의 범위가 서간도를 제외한 북간도로 국한되어버린 셈이지만, 어쨌든 청과의 국경 분쟁은 그렇게 일단락되는 듯 했다.

백두산 정계비가 세워진 이후에도 계속된 흉년과 관리들의 횡포를 피해 간도 땅으로 이주하는 조선인이 꾸준히 늘어났다. 간도에 거주하는 조선인들이 급증하고 조선의 행정력이 미치고 있다는 사실을 알게 된 청나라는 1880년 이후 봉금 정책을 풀고 다시 간도를 개척하려 하였다. 청나라는 이 지역을 선점하여 개간하던 조선인들에게 철수와 귀화를 강요하는 한편 또다시 국경 문제를 들고 나왔다. 문제는 토문강의 위치였다. 백두산 정계비에 명시된 토문강에 대해 우리나라는 두만강과 다른 별개의 강으로 해석한 데 비해, 중국은 두만강과 같은 강이라고 주장한 것이다. 결국 양국은 국경을 명확히 하기 위해 1885년 을유감계 담판과 1887년 정해감계 담판을 벌였고, 우리 측 대표인 이중하 등의 노력으로 토문강이 두만강과 다른 송화강의 지류임이 밝혀졌다. 을유감계 담판 당시 그렸던 지도에 의하면 백두산 정계비로부터 국경을 표시했던 토퇴와 석퇴가 두만강이 흐르는 방향이 아니라 백두산 북쪽의 송화강 쪽으로 연결되어 있어, 토문강이 두만강과는 다른 강임이 분명하게 나타나고 있다. 이렇듯 양국이 토문강의 위치에 대해 서로 다른 주장을 함으로써 국경 회담은 아무런 합의 없이 결렬되었다.

대한제국 수립 이후에도 우리나라는 이범윤을 간도 관리사로 파견하는 등 간도에 대한 영유권을 적극적으로 관철시켜 나갔다. 대외적으로는 간도를 조선의 영토로 표기한 서양의 고지도들이 많이 제작되었다.[14] 그러나 1905년 을사늑약으로 일제가 조선의 외교권을 강탈하면서 우리나라 대신 일제가 청과의 국경 협상에 나서게 되었다. 처음에 일본은 간도에 조선 통감부와 파출소를 설치하고 관리를 파견하는 등 간도를 한국의 영토로 간주하였다. 하지만 일본은 1909년 만주의 철도 부설권과 탄광 채

굴권 등을 얻는 만주협약을 체결하는 대가로 간도를 청나라에 넘겨주는 '간도협약'을 체결하였다. 이로써 간도는 우리나라 영역에서 사라지게 되었다.

간도의 가치와 간도 문제

간도협약 체결 이후에도 우리나라 사람들의 간도 이주는 계속되었다. 한반도의 정치 경제 상황이 불안정해지면서 많은 농민들이 간도로 이주하였고, 이들은 척박하였던 토지를 개간하여 옥토로 가꾸고 물을 끌어들여 최초로 벼농사를 도입하기도 하였다. 이후 간도는 독립군의 항일 무장 투쟁의 중심지가 되었다. 항일 민족교육의 중심지였던 명동촌, 독립군 양성기관이었던 신흥무관학교, 한국 독립운동사의 뛰어난 업적인 청산리대첩 등은 모두 간도 지방에서 이뤄낸 성과이다.

오랫동안 우리 민족의 주요 활동 무대였던 간도를 중국에 넘겨주게 한 간도협약은 국제법적으로 무효이다. 을사늑약은 고종 황제의 날인이나 위임장 없이 일본에 의해 강압적으로 체결된 조약이다. 실제로 1965년 한

14 간도 지역이 조선의 세력권임을 보여주는 서양 고지도는 현재 69점에 이른다. 당대를 대표하는 서양 지리학자들이 백두산 정계비로 조선과 청나라의 국경이 확정된 1712년 이후에 지도를 제작했다. 1749년 당빌리D'Anville가 제작한 〈et des Royaumes de COREE ET DE JAPAN〉 지도, 1740년 프랑스어와 네덜란드어로 제작된 〈La CHINE avec la KOREE et les Parties de la TARTARIE〉 지도, 1778년 장비에 J. 등이 제작한 〈L.ASIE divisee en ses principaux Etats〉 지도 등이 모두 두만강 이북의 간도 지역을 조선 함경도의 관할로 표시하고 있다.

일 양국은 한일기본조약 제2조에서 을사늑약이 무효임을 확인하였다. 따라서 을사늑약을 근거로 한국의 외교권을 박탈한 일본이 체결한 간도협약도 원천적으로 무효가 되는 것이다. 게다가 1952년 중일평화조약에서도 1941년 이전에 일본이 체결한 모든 협약을 무효화한다고 규정하였다.

그러나 일본과 중국 사이에 맺은 만주협약이 무효화된 것과 달리 그 대가로 체결된 간도협약은 여전히 유효한 상태이다. 게다가 북한은 1962년 중국과 '조중변계조약'을 체결하여 압록강과 두만강을 국경으로 확정하고 이후 백두산을 중국과 분할하기까지 했다. 중국 또한 2002년부터 이른바 '동북공정'을 통해 간도에서 펼쳐졌던 고구려의 역사를 중국사의 일부로 왜곡, 편입하려고 시도하고 있다. 동북 공정은 현재의 중국 국경 안에서 전개된 모든 역사를 중국의 역사로 만들기 위해 중국이 2002년부터 추진한 연구 프로젝트이다. 동북 공정은 동북변강역사여현상계열연구공정東北邊疆歷史與現狀系列硏究工程의 줄임말이며, 우리말로는 '동북 변경 지역의 역사와 현상에 관한 체계적인 연구'이다. 고구려사를 중국 역사로 편입시키면 고구려의 활동 무대였던 만주와 간도는 역사적으로 중국 영토가 되기 때문에 간도에 대한 우리나라의 영유권 주장은 근거를 잃게 된다.

이러한 상황에서 우리나라가 1909년의 간도협약을 무효라고 주장하고 간도에 대한 영유권을 회복하는 것은 현실적으로 가능한 일일까? 조선과 청, 중국과 일본, 북한과 중국 사이에서 이미 역사 속으로 사라져간 간도가 오늘날 우리에게 어떤 의미가 있는 것일까?

간도는 두만강 남쪽에 비해 토지가 비옥하고 도처에 강이 흘러 넓은 평야가 발달한 곳이다. 따라서 농업에 유리하며 금, 은, 석탄, 구리, 철광석 등 지하자원이 풍부하고 삼림이 울창하여 임업도 활발하다. 육지와 바다가 인접해 있는 간도는 농업, 광업, 임업, 어업 등이 모두 발달할 수 있는 물산의 보물 창고와 같은 지역이다. 또한 간도는 한국, 중국, 러시아 3국이 접촉하는 완충지대이자 동서를 장악하고 남북을 제어할 수 있는 교통의 요지이다. 만약 우리나라가 간도를 얻는다면 러시아와 중국 등 북쪽으로 진출하는 데 중요한 발판을 마련할 수 있게 된다. 통일 한국에서 간도의 가치는 지금보다 훨씬 더 중요해질 것이 분명하다.

그러나 우리에게 간도가 중요한 것은 이 때문만은 아니다. 간도는 우리나라 이주민들의 역사가 '있었던' 지역이 아니라 지금도 수많은 우리 민족이 '살고 있는' 곳이기 때문이다. 옌볜 조선족 자치주가 있는 간도에는 우리나라 동포 약 200만 명이 살고 있다. 따라서 간도 문제를 접근할 때에는 그곳에 살고 있는 사람들, 즉 조선족의 지위 문제가 함께 고려되어야 한다. 간도가 우리 민족에게 어떤 의미였는지, 간도의 영유권은 어떻게 변화되어 왔으며, 현재 어떤 단계에 있는지를 잊지 말아야 한다. 그러한 태도가 간도에 살고 있는 재중 동포들이 한국인으로의 정체성을 간직하는 데 영향을 미칠 것이다. 나아가 오랫동안 우리나라 사람들의 생활 근거지였던 간도에 대해 영유권을 주장할 만한 근거가 있다는 사실이 간도 내 조선인의 지위 확보에도 도움이 된다면 더할 나위 없을 것이다.

더 알아보기

끝나지 않은 백두산 정계비 논란

백두산 정계비는 1712년에 우리나라와 청나라의 국경을 확정 짓기 위해 청나라의 목극동과 조선의 박권이 세운 비석이다. 말 그대로 경계를 정하기 위해 만든 비석으로 "서위압록 동위토문西爲鴨綠 東爲土門"이라는 문구로 그 당시 조선과 청의 국경선을 새겨 넣었다. 그런데 양국의 견해차가 극명했던 토문강의 위치에 대해서 우리나라 역사학계에서도 의견이 분분하다. 우리나라는 조선 세종 시대에 압록강과 두만강으로 국경을 정한 이후 한 번도 간도를 우리 영역으로 포함한 적이 없다는 주장이 있는 것이다. 백두산 정계비에 적힌 토문강은 청나라가 주장한 대로 두만강이 맞고, 우리나라는 이를 알면서도 간도에 대한 점유권을 유지하기 위해 발음이 비슷한 토문강을 일부러 주장했다는 것이다. 이 주장의 근거가 되는 《조선왕조실록》을 살펴보자. 1712년의 기록을 담은 《숙종실록》 52권, 숙종 38년 12월 7일(병진)의 기사로 중요한 부분만 중간 발췌하면 다음과 같다.

> 이때 함경 감사 이선부가 백두산에 푯말 세우는 역사役事를 거의 다 끝냈다는 뜻으로 계문啓聞하였다. (중략) "신이 북관北關에 있을 때 백두산의 푯말 세우는 곳을 살펴보았습니다. 대저 백두산의 동쪽 진장산眞長山 안에서 나와 합쳐져 두만강豆滿江이 되는 물이 무릇 4갈래인데, (중략) 당초 청차가 백두산에서 내려와 수원水源을 두루 찾을 때 이 지역에 당도하자 말을 멈추고 말하기를, '이것이 곧 토문강土門江의 근원이라.'고 하고, 다시 그 하류를 찾아보지 않고 육지로 해서 길을 갔습니다. 두 번째 갈래에 당도하자, 첫 번째 갈래가 흘러와 합쳐지는 것을 보고 '그 물이 과연 여기서 합쳐지니, 그것이 토문강의 근원임이 명백하고 확실하여 의심할 것이 없다. 이것으로 경계를 정한다.'고 하였습니다."

(중략) 그래서 신이 허許와 박朴 두 차원을 시켜 함께 가서 살펴보게 했더니, 돌아와서 고하기를, '흐름을 따라 거의 30리를 가니 이 물의 하류는 또 북쪽에서 내려오는 딴 물과 합쳐 점점 동북을 향해 갔고, 두만강에는 속하지 않았습니다.' (중략) 그가 본 것이 두만강으로 흘러 들어가는 것인 줄 잘못 알았던 것이니, 이는 진실로 경솔한 소치에서 나온 것입니다. 이미 강의 수원이 과연 잘못된 것을 알면서도 청차가 정한 것임을 핑계로 이 물에다 막바로 푯말을 세운다면, 하류는 이미 저들의 땅으로 들어가 향해간 곳을 알지 못하는 데다가 국경의 한계는 다시 의거할 데가 없을 것이니, 뒷날 난처한 염려가 없지 않을 것입니다.

(중략) 이유가 아뢰기를, "그들이 이미 경계를 정하고 돌아간 뒤 이러한 잘못이 있음을 우리 쪽에서 발단하여 그들을 견책받게 하는 것은 또한 불편한 데 관계됩니다. 우선 목차에게 연유를 묻고 답변을 얻어 본 다음에 요량하여 처리하는 것이 옳겠는데, 시급하게 다시 간심看審하지 않을 수 없으니, 도내의 수령들 중에서 일을 잘 아는 사람을 차원差員으로 택정擇定하여 자세하게 살펴보도록 하는 것이 마땅하겠습니다."

간단하게 요약하면 청나라의 목극동이 실제의 토문강을 두만강으로 착각하는 실수를 저질렀고, 그가 돌아간 다음 푯말이 두만강에 세워져 있지 않은 것을 발견하고 논의하는 내용이다. 즉 우리나라는 청나라가 경계로 삼고자 했던 토문강이 사실은 두만강임을 명확히 알고 있었다고 할 수 있다. 청나라 사신은 실수를 했고, 우리는 그걸 바로잡지 않은 셈이다.

과거의 국경은 오늘날처럼 선으로 구분되는 명확한 개념이 아니었다. 각 나라의 중심지에서 벗어난 곳에서는 여러 민족이 자연스럽게 섞여 살았다. 청나라가 수도를 북경으로 정하고 간도에 봉금 정책을 실시하는 동안 실질적으로 간도 땅을 개간하고 삶의 터전으로 가꾼 것은 우리나라 사람들이다. 만약 토문이 '토문강'이라면 숙종 이후 북간도는 엄연히 우리나라의 영역이 된다. 또 토문이 '두만강'이라면 북간도에 이주해 살던 우리나라 사람들은 불법 월경을 저질렀던 셈이다. 합법적인 이주였든 불법 월경이었든 어지러운 국내 상황에서 벗어나고자 조선 말기 간도로 이주하는 주민들은 늘어만 갔고, 우리나라는 간도 이주민들에게 세금을 걷기까지 했다. 일제 강점기에는 서간도의 삼원보와 북간도의 용정, 연길, 명동 등이 독립운동사의 중요한 지역으로 발돋움하였다.

간도는 과거 고구려와 발해의 영토였고, 발해 이후 여러 민족이 거쳐 간 땅이다. 청나라 시대에는 우리 민족이 개간한 땅이었고, 현재는 중국에서 실효 지배하고 있으며, 우리나라 동포인 조선족 자치주가 위치한 곳이기도 하다. 국경 개념이 지금과 달랐던 시절, 간도는 그만큼 복잡한 땅이었고 분쟁의 여지가 있는 영역이었다.

안타까운 것은 이 간도의 영역과 점유권이 논쟁과 협상의 대상이었음에도 불구하고, 우리나라는 논쟁의 기회조차 놓쳐버렸다는 것이다. 바로 우리나라의 외교권을 박탈한 채 철도 부설권과 간도 땅을 맞바꾼 일본의 간도협약에 의해서 말이다. 식민지 경험이 남긴 상처 중의 하나가 간도에 새겨져 있다.

우리 민족 고려인은 왜 중앙아시아에 살고 있나?

"1937년 9월 13일까지 블라디보스토크로 집합해서 열차를 타시오."

스탈린[15]의 서명이 적힌 강제 이주 명령서는 느닷없이 전해졌다.

"아니, 며칠 만에 집을 버리고 떠나야 한다니, 대체 이유가 무엇이오?"

"여기 있는 곡식과 가축, 집이랑 농기구들은 다 어쩌고요? 며칠 만에 그것들을 어떻게 다 처분합니까?"

"남편이 경찰 조사를 받으러 가서 돌아오지 않고 있어요. 최소한 가족이 다 모인 다음에 떠나야 하는 것 아닙니까?"

연해주[16]에 살고 있던 조선인에 대한 강제 이주 명령은 청천벽력 같았

15 소련 공산당 서기장(1922~1953)과 국가평의회 주석(1941~1953)을 지냈던 소련의 정치인. 소련은 소비에트연합의 준말로 현재는 러시아와 독립국가연합으로 해체되었다.
16 연해주란 러시아의 동쪽 연안 지방을 일컫는 말이다.

고, 시간을 조금만 더 달라는 최소한의 항변도 받아들여지지 않았다.

1937년 8월 21일 소련 공산당 중앙위원회는 연해주에 살고 있는 한인들을 중앙아시아로 강제 이주시키기로 결정하였다. 당시 연해주에는 1860년대부터 조선인들이 두만강을 넘어와 살고 있었다. 특히 1905년 을사늑약 체결 전후에는 수많은 애국지사들이 망명하여 연해주는 독립운동의 거점이 되기도 하였다. 역사의 격변 속에서 이주민의 숫자는 지속적으로 증가하여 1926년 연해주 지역의 조선인 인구는 20만 명에 가까웠다. 훗날 '고려인[17]'이라고 불린 이들은 연해주의 황무지를 비옥한 토지로 일구고, 소련의 내전에 참가하는 등 소련 정부에도 충성했다. 또한 '신한촌' 등 한인 거주지를 중심으로 신문사와 모국어 학교를 세우며 연해주를 활기찬 삶의 터전으로 가꾸어왔다. 따라서 소련의 강제 이주 명령은 고려인들이 70여 년간 일구어온 삶의 터전을 한순간에 버리라는 의미였다.

소련은 왜 한인들을 강제 이주시켰던 것일까? 1905년 러일전쟁에서 일본에 패했던 소련은 1937년 일본이 중일전쟁을 일으켜 중국 본토 점령을 개시하자 조선인들에 대한 강제 이주 정책을 결정하였다. 그 당시 조선은 일본에 점령당한 상태였으므로 일본이 연해주 지방의 한인들을 첩자

17 러시아어로 조선인을 '코레이치Корейцы'라고 불렀는데, '소베츠키Советский'라는 수식어를 앞에 붙이면 '소비에트 조선사람', 즉 한국계 러시아인이라는 뜻이다. 원래는 중앙아시아 이주민들을 중국에서처럼 '조선인'이라고 불렀으나, 1988년 서울올림픽에 즈음하여 스스로를 '고려인'이라고 칭하기 시작하였다. 남북한이 갈등 상황에 있었기 때문에 중앙아시아 한인들은 남한을 의미하는 '한국인', 북한을 의미하는 '조선인'이라는 명칭보다 '고려인'이라는 말을 사용한 것으로 보인다. 현재 고려인은 소련 붕괴 이후 독립국가연합에 거주하는 한민족 전체를 이르는 말이다.

로 이용하여 소련 침략에 활용할 가능성이 높다는 것이 공식적인 이유였다. 그러나 간도와 연해주 지역의 한인들이 일제에 맞서 독립운동을 펼치며, 소련 볼셰비키군과 연합하여 일본군에 대항했다는 것을 생각하면 이는 충분한 이유가 되지 못한다. 따라서 늘어나는 한인과 러시아인 사이의 충돌을 차단하고, 한인 공동체를 분산시켜 자치 요구 세력의 형성을 저지하려던 것이 또 다른 이유로 추정된다. 강제 이주가 시작되기 전 저항할 소지가 있는 지식인 2500여 명은 일제의 첩자라는 누명을 쓰고 체포되어 대부분 처형되었다. 그로 인해 조직적인 저항이 어려워진 우리 동포들은 황망한 심정으로 강제 이주를 당할 수밖에 없었다.

소련은 1937년 9월부터 2개월간 무려 3만 6442가구, 총 17만 1781명의 고려인을 중앙아시아의 카자흐스탄과 우즈베키스탄으로 강제 이주시켰다. 소련 당국은 순차적으로 마을을 돌며 모든 한인들을 모아 무조건 이주 열차에 승차할 것을 지시했고, 짐을 챙기는 데 겨우 24시간이 주어진 경우도 많았다. 몇 가지 옷가지와 먹을거리만 간신히 싸들고 열차에 올라야 했던 사람들은 얼마나 불안했을까? 한인들로 가득했던 블라디보스토크 역에는 하나같이 어디로 가야 하는지, 얼마나 가야 하는지를 묻는 소리로 아우성이었다고 한다.

우리 동포들은 목적지를 알지 못한 채 화물열차와 가축운반차를 개조한 열차에 짐짝처럼 실려서 한 달이 넘도록 약 6000킬로미터를 이동하였다. 화장실도 의자도 창문도 없는 열차 안에서 사람들은 맨바닥에 누워 잠을 청하며 시베리아의 겨울 추위와 싸워야 했다. 병자들이 속출했지만,

위생 열차는커녕 의사나 간호사조차 없었고, 물과 식량이 전혀 공급되지 않는 상황에서 많은 사람들이 죽음을 맞이했다. 중앙아시아로 가는 한 달 동안 열악한 위생 상태와 영양실조로 약 1만 1000여 명이 사망하였고, 특히 어린이와 노인들의 60퍼센트가 집단 사망하였다. 기차 안에서만 그 많은 사람들이 죽었다니, 얼마나 끔찍한 여정이었을지 상상하기도 힘들다. 사람들은 2~3일에 한 번씩 기차가 설 때마다 철길 주변에 땅을 파고 시신을 묻는 것으로 가족과의 이별을 대신하였다. 그렇게 일제 강점기 나라 잃은 우리 민족의 비극이 하나 더 시작되고 있었다.

지리 talk talk **중앙아시아는 어디인가요?**

▲ 다섯 지역으로 나눈 아시아의 모습

우리가 살고 있는 아시아는 세계에서 가장 넓고, 가장 많은 사람들이 살고 있는 대륙이다. 그만큼 지역적인 특징도 다양하다. 아시아는 우랄 산맥을 경계로 서쪽의 유럽 대륙과 구분되며 그림과 같이 다섯 지역으로 나뉜다.[18]
우리가 살고 있는 동아시아는 우리나라 외에 중국, 일본, 타이완을 포함한다. 동남아시아에는 인도차이나 반도, 말레이 반도와 필리핀, 인도네시아 등의 섬나라가 속한다.
남아시아는 히말라야 산맥 아래쪽에 있는 인도, 파키스탄, 네팔, 스리랑카 등의 국가를 말한다. 서남아시아에는 사우디아라비아를 비롯하여 이란, 이라크, 쿠웨이트, 아랍에미리트연합 등 많은 국가들이 속한다. 마지막으로 중앙아시아는 유일한 내륙 아시아로서 우리에게 이름이 '스탄'으로 끝나는 나라들로 알려져 있다. 카자흐스탄, 우즈베키스탄, 투르크메니스탄, 타지키스탄, 키르기스스탄의 5개 공화국이 여기에 포함된다. '스탄stan'이라는 말은 '땅, 나라'라는 뜻으로 예를 들어 '카자흐스탄'은 '카자흐족의 땅'이라는 의미로 해석된다. 물론 이름처럼 하나의 민족이 하나의 국가를 형성하고 있는 것은 아니다. 그럼에도 이 중앙아시아가 우리의 흥미를 잡아끄는 것은 중앙아시아를 이루고 있는 민족 중에 우리 민족인 '고려인'이 상당수 포함되어 있다는 점이다.

그곳에서도 삶은 이어진다

한 달 넘게 시베리아 철도를 달려 1937년 12월 한인들이 도착한 곳은 중앙아시아 카자흐스탄의 '우슈토베'라는 곳이었다. 한인들은 가옥 한 채

18 러시아의 시베리아는 북부아시아로 분류되기도 하며, 북부아시아를 동아시아에 포함시켜 동북아시아로 부르기도 한다. 아프가니스탄은 서남아시아로 분류하였으나, 남아시아나 중앙아시아로 분류되기도 한다.

가 없는 황량한 사막과 스산한 갈대밭 한가운데에 내려졌다. 아니, 버려졌다. 이곳은 여름 폭염과 겨울 강추위가 기승을 부리는 지역으로 제정 러시아 시절에 유배지로도 유명했던 곳이었다. 겨울을 버티고 난 뒤 다음 해를 기약할 작은 농토조차 보이지 않는, 말 그대로의 황무지. 아무런 장비나 대책도 없이 과연 이곳에서 겨울을 날 수 있을까? 여기저기서 탄식과 비명이 이어졌을 것이다. 실제로 이주 직후 추위와 풍토병을 견디지 못한 2만여 명의 어린이와 노인이 추가로 사망하였다.

연해주에서 중앙아시아로 강제 이주를 당했던 한인들의 이동 경로는 다음과 같다.

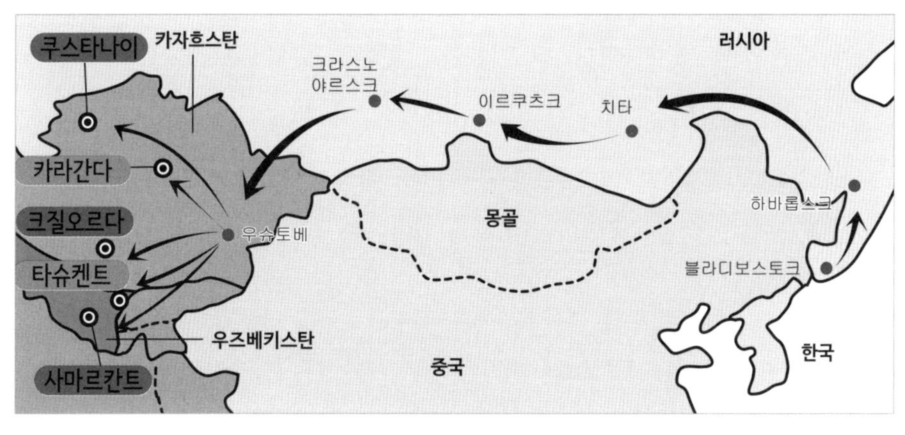

▲ 한인 강제 이주 경로

한인들의 이주 경로는 '블라디보스토크－하바롭스크－치타－이르쿠츠

크-크라스노야르스크-우슈토베'로 이어졌다. 우슈토베에 도착한 후에는 다시 쿠스타나이, 카라간다, 크질오르다, 타슈켄트, 사마르칸트 등 다섯 개 지역으로 분리 배치되었다. 이들이 배치된 카자흐스탄과 우즈베키스탄의 자연환경은 우리나라와 확연히 다르다.

삼면이 바다로 둘러싸인 우리나라는 연강수량이 세계 평균 강수량보다 많은 1300밀리미터 이상이다. 반면 내륙 지역에 해당하는 중앙아시아는 무척 건조하다. 카자흐스탄의 경우 연평균 강수량이 평야가 약 250밀리미터, 남부 산악지대가 450밀리미터 수준이다. 우즈베키스탄의 연 강수량 역시 500밀리미터가 되지 않는다. 국토의 대부분을 차지하는 스텝과 사막 지역은 비가 훨씬 더 적게 내린다. 지형도 판이하기는 마찬가지여서 우리나라와 달리 삼림은 거의 찾아볼 수 없으며 강이 발달하지 않아 토질 또한 척박하였다. 요즘이야 인터넷과 텔레비전으로 전 세계에 대한 정보를 얻을 수 있으니까 집 안에서도 사막의 풍경을 감상할 수 있지만, 1937년에야 어디 그러한가? 연해주에서 중앙아시아로 끌려와 생애 처음 사막을 경험하였던 한인들의 절망감은 이루 말할 수조차 없었을 것이다.

그런데 그곳에서도 삶은 이어졌다. 이주 첫날 호미로 토굴을 파고 갈대로 지붕을 얹어 눈물로 밤을 지새웠을 이들은 끊임없이 한계를 극복하며 황무지를 개척하였다. 소련으로서도 급격하게 결정된 이주 정책이었기에 고려인 이주민들을 수용해야 할 카자흐스탄과 우즈베키스탄에서는 사실상 아무런 준비가 되어 있지 않았다. 강제 이주를 당한 고려인들은 그들이 살아야 할 터전을 스스로 만들어갈 수밖에 없었다.

고려인들은 몇 차례의 추가 강제 이주를 겪으면서도 콜호스kolkhoz[19]를 조직하여 생활 공동체를 만들고, 부를 축적했으며, 학교를 세워 우리나라 말로 아이들을 가르쳤다. 한민족의 정체성을 유지하고자 여러 개의 신문사와 극장을 열었다. 갈대숲을 베어 땅을 갈아 씨를 뿌리고, 관개 수로를 만들고, 집과 창고를 지었다. 급기야는 우리나라와 기후와 토질이 전혀 다른 중앙아시아에서 벼농사를 성공하고 쌀을 추수하였다. 중앙아시아는 기후가 건조하여 그동안 유목 생활에 적합한 곳이었으나, 고려인은 이곳에 강물을 끌어들여 옥토를 만들고 농업을 이식하여 소련 전역에 쌀을 보급하는 민족으로 유명해졌다. 그렇게 고려인은 중앙아시아 소수 민족 가운데 가장 안정적인 생활과 높은 교육열을 가진 민족으로 인정받기에 이르렀다. 우리 민족의 끈기와 인내심, 집요함에 감탄하게 되는 부분이다.

아직도 끝나지 않은 고려인의 비극

우여곡절 끝에 중앙아시아에 정착한 고려인들은 지금도 잘 살고 있을

19 소련의 농업 집단화 과정에서 생겨난 집단농장. 국영농장인 소프호스가 정부에 의해 소유되고 운영된 것에 비해 콜호스는 농민들이 자신들의 토지와 자본 및 생산 수단을 공유하고 공동 노동을 통해 대량 생산을 꾀하는 집단 농장이다. 당시 고려인의 콜호스는 현지인 콜호스보다 생산량이 월등히 높아서 많은 한인 노동 영웅들을 배출하였다.

까? 불행하게도 그렇지 않은 것 같다. 현재 러시아를 포함한 독립국가연합CIS 전체에 살고 있는 고려인은 48만 명가량이다. 그중 러시아를 제외한 중앙아시아에는 우즈베키스탄 21만 명과 카자흐스탄 11만 명을 비롯하여 35만 명 정도의 고려인이 살고 있다. 소비에트 연방 시기에 고려인은 러시아인과 중앙아시아 현지 원주민 사이에서 중간 계층에 위치하며 사회적으로 인정받아왔다. 비극은 1991년 소련의 붕괴에서부터 시작되었다.

1991년 소비에트 연방이 러시아 등 12개의 독립국가연합이 된 후에 각 국가에서는 자민족 중심의 민족주의가 급속도로 퍼져나갔다. 예를 들면 자기 민족의 언어를 공용어로 제창하고, 학교에서 민족어 교육을 의무화하는 등 새로운 환경이 구축된 것이다. 소련이었던 시절, 고려인은 '소련'이라는 하나의 국가 내에 공통된 지위를 가진 민족이었으나, 국경이 생긴 이후에는 '우즈베키스탄의 소수 민족 고려인', '카자흐스탄의 소수 민족 고려인'이 돼버린 것이다. 사실상 더 이상 소비에트 연방의 주민으로서 정체성을 유지하기 힘들어진 것이다. 대신 각자가 속한 나라의 국민으로서 현지어를 배우고 새로운 문화에 적응하기 위해 노력하는 동안 고려인은 민족 차별의 대상이 되어 직장 내에서 불이익을 당하는 등 사회적 위상이 점점 약해졌다. 강제 이주 후 70년 이상 살아온 터전에서 고려인이라는 이유만으로 또다시 차별을 받는 상황에 놓인 것이다.

또 다른 심각한 문제는 소련 붕괴 이후 상당수의 고려인들이 무국적자가 되었다는 사실이다. 독립 후 현지 정부에서 러시아 국적을 인정하지 않음에 따라 국적을 다시 신청해야 하는데, 이를 몰랐거나, 서류를 분실하였거나, 제때에 등록하지 않았거나 하는 등의 이유로 국적 신청을 하지 못한 것이다. 현재 독립국가연합에는 전체 고려인의 10퍼센트에 해당하는 약 5만 명의 무국적 고려인이 거주하고 있는 것으로 추정된다,

소련 붕괴 후 각 독립 국가들의 경제 상황이 악화되자 고려인은 러시아어를 사용하는 연해주로 재이주하는 등 러시아 전역으로 흩어져 살고 있다. 또한 조국을 찾아 국제 이주를 하는 사람들도 늘어나 현재 4만 5000명 정도의 고려인들이 귀국하여 살고 있다. 광주광역시, 안산시 등의 고려인 마을을 중심으로 거주하는 이들은 주로 영세업체에서 노동을 하고 있지만, 한국말이 서툰 이들은 우리 사회에서 그냥 '외국인'이다. 한편 귀국할 수 없는 고려인들은 여전히 중앙아시아 거주국에서 소수 민족에 대한 불이익에 도전하며 살아가고 있다. 중앙아시아에서는 '이방인'으로 살고, 우리나라에서는 '외국인'으로 살아가고 있는 이들에게 안정적인 삶이란 어떻게 가능한 것일까?

최근 우리나라에서 고려인에 대한 관심이 높아지고 있다는 점은 정말 다행스러운 일이다. 그동안 '재외동포법'에 따라 동포 비자를 받을 수 없는 고려인 4세는 성인이 되면 우리나라에서 추방당해야 했다. '재외동포법' 은 동포의 범위를 두 가지로 규정한다. 첫째는 '대한민국 국적을 보유했던 자 또는 그 직계비속으로서 외국 국적을 취득한 자'다. 둘째는 '부모의 일방 또는 조부모의 일방이 대한민국의 국적을 보유하였던 자로서 외국 국적을 취득한 자'다. 이 규정대로라면 고려인 4세는 우리나라 동포로

인정받을 수 없다. 이에 최근에는 고려인 자녀들의 안정적인 정착을 위해 특별법[20] 개정이 시급하다는 목소리가 높아지고 있다.

1937년 강제 이주 당시, 주권을 잃었던 조국은 고려인들의 비극에 제대로 대처하지 못했고, 해방 이후 분단된 조국은 고려인들의 삶에 관심을 두지 못했다. 그러는 동안 소련의 국민으로 살아갈 수밖에 없었던 이들은 독립국가연합 출범 이후 새로운 현지어와 문화에 적응하며 또다시 어려움을 겪고 있다. 연해주에서 중앙아시아로, 다시 국내외로 흩어지는 고려인들의 여정은 조국을 잃는다는 것이 삶에 어떤 영향을 미치는지 가슴 아프게 보여준다. 앞으로 이들은 어떻게 살아가게 될까? 고려인들의 고통을 외면하지 않고 안정적인 삶을 제공하기 위해 고민하는 것이 현재 우리에게 남겨진 과제이다.

20 독일의 동포에 관한 규정의 경우, 혈통뿐만 아니라 문화, 언어, 교육의 동질성만 있으면 동포로 받아들여 재정착의 기회와 교육 혜택까지 주고 있다. 최근 우리나라에서도 현실에 맞게 재외동포법을 합리적으로 개정해야 한다는 움직임이 일고 있다.

더 알아보기 **우리나라 이민의 역사**

1902년 12월 22일, 하와이 첫 이민단 121명이 인천 제물포에서 일본 배 겐카이마루에 승선, 나가사키로 향했다. 가족들과 눈물의 이별을 한 이들은 이틀 뒤 나가사키 항에 도착하여 신체검사와 예방 접종을 받고 하와이로 가는 미국 기선 갤릭Gaelic호에 탑승했다. 그리고 다음 해 1월 13일 하와이 호놀룰루에 도착하였다. 우리나라의 첫 공식 이민[21]인 하와이 사탕수수 농장으로의 이민이었다.

1850년대부터 설탕 수요가 급증하면서 당시 하와이에서는 원주민만으로 노동 수요를 충당할 수 없게 되자 중국인과 일본인에 이어 조선인 노동자를 고용하게 됐다. 1905년 하와이에는 약 65개 농장에서 7400여 명의 한인 노동자들이 다른 민족 사람들과 함께 생활하였다. 이들은 하와이의 뜨거운 햇빛 아래에서 새벽 6시부터 힘든 노동에 시달려야 했다. 그렇게 하루하루를 버티고 나면 성인 남자는 한 달에 17달러, 여자는 하루에 15~50센트를 받았다. 열악한 노동 환경과 저임금에 시달리면서도 이들은 한인 교회와 학교를 세우고 2세를 교육했다. 한 푼 두 푼 모은 돈으로 독립 자금을 내는 등 우리나라 독립운동에도 기여하였다.

1905년에는 멕시코로 이민이 있었다. 1033명의 한인들은 '지상 낙원에서 큰 돈을 벌 수 있다'는 일본 인력 회사의 말에 속아 낯선 멕시코로 향했다. 하지

21 고종 황제의 주치의였던 미국 공사 호러스 알렌Horace Allen의 건의로 1902년에 외국 여행권을 관장하는 기관인 '유민원(수민원)'이 설치되었다. 이곳에서 오늘날의 여권에 해당하는 '직조'를 정식으로 발급받아 이민하였으므로 1902년 하와이 이민을 첫 번째 공식 이민으로 취급한다.

지리 talk talk 인하대학교 이름의 유래를 아시나요?

우리나라 공식 이민의 첫 출발지인 인천에 세워진 인하대학교에는 특별한 사연이 있다. 6·25전쟁 중이던 1952년, 하와이 교포 이주 50주년 기념사업으로 대학 설립 발의가 된 것이다. 학교 설립에 필요한 자금은 하와이 교포의 2세 교육을 위하여 운영했던 한인기독학원 부지 매각 대금과 하와이 교포들의 정성어린 성금, 그리고 국내 유지의 성금 및 정부 지원금 등으로 충당하였다. 하와이 이민자들의 조국에 대한 교육적 열망을 담은 학교여서 이름도 인천의 '인'과 하와이의 '하'를 따서 인하대학교라고 하였다. 인하대학교는 1954년 4월 인하공과대학으로 개교한 뒤 1972년 3월 종합 대학으로 승격하여 현재에 이르고 있다.

만 그들을 맞이한 것은 유카탄반도의 뜨거운 불볕더위와 난생처음 보는 에네켄 밭이었다. 에네켄은 알로에와 비슷하게 생겼지만, 길이 2미터, 너비 30센티미터의 엄청난 크기에 가시가 돋아 있는 식물이다. 정당한 노동 계약이라고 믿었지만, 막상 도착한 후에는 노동자가 아닌 노예로서의 삶이 시작되었다. 채찍이 난무하는 감시 속에서 온종일 가시에 찔려가며 에네켄 잎을 잘랐으나[22], 계약기간이었던 4년이 지난 후에도 약속된 임금은 받지 못했다. 게다가 고국으로 돌아갈 수조차 없었다. 1909년 5월에는 이미 을사늑약에 의해 돌아갈 나라가 없어진 상태였기 때문이다. 남겨진 이들은 힘들게 멕시코에 정착하여 삶을 이어갔고, 1921년에 멕시코 한인 중 288명이 다시 쿠바로 재이민을 가게 되었다. 멕시코 이민 1세대의 비극은 1996년에 제작된 영화 〈애니깽〉으

22 에네켄 잎을 잘라서 으깨면 실타래가 나오는데, 이것을 엮어 선박용 밧줄이나 마대용 자루를 만든다.

로 알려지기도 하였다.

해방 이후 우리나라는 자신과 국가의 경제 발전을 위해 해외 노동자로 떠나는 사람들이 많아졌다. 1960년대 초 우리나라의 1인당 국민소득이 82달러(1961년 기준)에 불과했던 시절, 변변한 일자리가 없어 젊은 실직자들이 넘쳐났기 때문이다. 1962년에 해외 이주법이 제정된 후에는 정부의 본격적인 주선으로 남아메리카의 브라질, 아르헨티나, 볼리비아, 파라과이 등으로 농업 이민을 떠나는 사람들이 늘어났다. 그러나 남아메리카의 기후와 농업방식이 우리나라와 크게 달랐고 배정받기로 했던 토지 분할 문제 등이 잘 해결되지 않아 이민자들은 초기 정착과 생활에 많은 어려움을 겪었다.

또 1963년 정부는 독일의 선진 기술 습득 및 외화 획득을 위해 1963~1977년까지 광부 7936명, 1966~1976년까지 간호사 1만 723명을 독일에 파견했다. 독일로 떠난 광부와 간호사들은 어려운 형편에 놓인 가족들의 생계를 위해, 혹은 더 넓은 세상에서 자신의 꿈을 이루기 위해 독일행 비행기에 올랐다. 늘 위험이 도사린 지하 탄광에서의 광부 생활과 눈물 마를 날 없이 고된 간호사 생활을 버티며, 이들 파독 광부와 간호사들이 고국에 보낸 송금액은 당시 수출액 대비 연 2%에 해당할 정도로 많았다. 이 돈은 우리나라 경제 성장을 위한 종잣돈 역할을 톡톡히 해주었다.

현재 세계 각지에 흩어져 살고 있는 재외 동포는 약 720만 명에 이른다. 피부색의 차이로, 문화의 차이로, 언어 소통의 부재로 인해 받았을 수많은 차별을 이겨내고 이들은 현재 그 사회의 일원으로 꿋꿋하게 정착하였다. 이러한 이민의 역사에서 우리는 무엇을 배울 수 있을까?

2016년 12월 기준, 우리나라에는 200만 명이 넘는 외국인이 살고 있다. 그런데 아직도 우리나라에 살고 있는 외국인이나 다문화가정의 아이들은 피부색

이 다르거나 가난한 나라에서 왔다는 이유로 부당한 대우와 비웃음을 받는 경우가 있다. 몇 십 년 전 외국으로 이민을 떠났던 우리나라 사람들이 겪었던 어려움과 서러움이 현재의 우리나라 외국인들에게 반복되고 있는 것이다.

사람들은 누구나 행복할 권리와 기회를 가져야 한다. 이민자들 역시 마찬가지이다. 다양한 사연으로 우리나라에 들어온 외국인들은 우리 경제의 한 축을 지탱하고 있는 파트너로서 이미 우리 사회의 일부가 되었다. 서로 다른 문화에 대한 존중과 이해는 세계 속의 한국으로 상생하기 위해 필수불가결한 조건이다. 외국인들과 다문화 가정의 아이들에 대한 눈을 새롭게 해야 한다.

대한민국 임시 정부는 어떤 곳에 세워졌나?

여기 한 남자가 있다. 그의 아들은 폐병을 앓고 있었다. 항생제인 페니실린 한 병이면 아들을 살릴 수 있을 것 같았다. 그는 가난했다. 그러나 돈이 없는 것도 아니었다. 사람들은 말했다. "그 돈을 쓰시오. 페니실린을 구해서 아들의 목숨을 살리시오."

그는 대답했다.

"아니오, 이 돈은 동지들이 조국의 독립을 위해서 쓰라고 모아준 돈이오. 다른 동지들도 폐병을 앓고 있는데, 내 아들만 살릴 수는 없소."

결국 그의 아들은 28세의 꽃다운 나이에 생을 마감했다. 이 원망스러울 정도로 냉정한 아버지는 누구일까? 그의 호는 백범, 대한민국 임시 정부의 문지기라도 되겠다던 김구이다. 페니실린 한 병을 구하지 못해 생을 달리한 그의 아들은 아버지를 따라 독립운동에 청춘을 바쳤던 김인이다. 이는 김구가 쓰촨성 충칭(중경)에서 대한민국 임시 정부의 주석으로 있었을 때 일어난 일이다.

여기서 잠깐, 충칭이라니? 대한민국 임시 정부는 상하이에 있었던 것 아닌가? 상하이 이외에 어느 곳에 임시 정부가 있었는지 알고 있는 사람들은 그다지 많지 않다. 충칭 대한민국 임시 정부 역시 우리에게 익숙하지 않은 이름이다. 일제 강점기 대한민국 임시 정부는 27년의 세월 동안 무려 여덟 개의 지역을 전전했다. 그 이동 경로를 따라가다 보면 당시 독립운동가들의 처절했던 삶이 보이는 것만 같다. 김구가 아들의 죽음을 지켜보면서까지 이루고 싶어 했던 독립, 그 독립운동의 최전방에서 활동했던 대한민국 임시 정부, 지금부터 대한민국 임시 정부의 힘겨웠던 여정을 따라가보자.

대한제국이 아니다, 대한민국 임시 정부다

대한민국 임시 정부의 이동 경로를 살펴보기 전에 짚고 넘어갈 중요한 사실이 있다. 바로 임시 정부의 국가 체제이다. 생각해보면 이상하지 않은가? 일제 강점기 이전에 우리나라의 국호는 조선에 이어 '대한제국'이었다. 여기서 제국은 한자로 '帝國', 즉 황제의 나라라는 뜻이다. 대한제국의 마지막 임금이 순종황제인 것처럼 대한제국은 황제 중심의 전제군주제 국가였다. 그런데 일제 강점기에 독립운동가들이 새롭게 구성한 나라는 대한제국 대신에 대한민국이라는 국호를 쓰고 있다. 민국은 한자로 '民國', 즉 국민들의 나라라는 뜻이다. 독립운동가들은 임시 정부를 세울 때, 단순히 독립운동의 구심점을 만드는 것 외에 한반도 역사상 최초로 국민이 주인이 되는 민주 정부의 수립을 원했던 것이다.

임시 정부가 1919년 4월 11일에 공포한 대한민국 임시 헌장에는 3·1운동 정신을 계승한다는 전문과 10개 조의 본문만 간단히 실려 있지만, 이는 우리나라 최초의 민주주의 원리에 입각한 기본 헌법이었다. '제1조 대한민국은 민주공화국이다'로 시작하는 현재의 우리나라 헌법도 이 임시 헌장에 기초하여 만들어졌다.

대한민국 임시 헌장(1919년, 일부)

제1조 대한민국은 민주공화제로 한다.
제2조 대한민국은 임시 정부가 임시의정원의 결의에 의하여 통치한다.
제3조 대한민국의 인민은 남녀, 귀천 및 빈부의 계급이 없고 일체 평등하다.
제4조 대한민국의 인민은 종교, 언론, 저작, 출판, 결사, 집회, 통신, 주소 이전, 신체 및 소유의 자유를 가진다.
제5조 대한민국의 인민으로 공민 자격이 있는 자는 선거권과 피선거권이 있다.

광복 후 1948년에 만들어진 대한민국 제헌 헌법에는 현재의 정부가 대한민국 임시 정부를 계승한다는 것이 명시되었으며, 이 내용은 헌법 전문에도 잘 담겨 있다.

대한민국 헌법 전문

유구한 역사와 전통에 빛나는 우리 대한국민은 3·1운동으로 건립된 대한민국 임시 정부의 법통과 불의에 항거한 4·19민주이념을 계승하고, 조국의 민주개혁과 평화적 통일의 사명에 입각하여 정의·인도와 동포애로써 민족의 단결을 공고히 하고, 모든 사회적 폐습과 불의를 타파하며, 자율과 조화를 바탕으로 자유민주적 기본질서를 더욱 확고히 하여 정치·경제·사회·문화의 모든 영역에 있어서 각인의 기회를 균등히 하고, 능력을 최고도로 발휘하게 하며, 자유와 권리에 따르는 책임과 의무를 완수하게 하여, 안으로는 국민생활의 균등한 향상을 기하고 밖으로는 항구적인 세계평화와 인류공영에 이바지함으로써 우리들과 우리들의 자손의 안전과 자유와 행복을 영원히 확보할 것을 다짐하면서 1948년 7월 12일에 제정되고 8차에 걸쳐 개정된 헌법을 이제 국회의 의결을 거쳐 국민투표에 의하여 개정한다.

내용 중 '법통을 계승함'이라는 말은 '정통성을 제대로 이어받음'이라는 뜻으로 우리 정부가 1919년에 세워진 대한민국 임시 정부를 이어받고 있다는 점을 확실히 하고 있다.[23] 이처럼 임시 정부는 독립운동의 구심점이라는 가치 외에 우리나라 최초의 민주공화정 정부라는 의의를 갖는다. 이후 대한민국 임시 정부는 27년간 정부를 유지한 채 지속적인 독립운동을 펼치게 되는데, 이는 세계 식민지 역사에서 가장 오랜 기간에 걸쳐서 유

23 일부 정치권에서 1948년 8월 15일 '정부 수립일'을 '대한민국 건국절'로 정하자는 논란이 있었다. 대한민국 헌법은 명백하게 대한민국이 1919년에 수립된 임시 정부의 법통을 계승한다고 밝히고 있다. 따라서 이러한 의견은 대한민국 임시 정부와 그 시기에 있었던 수많은 독립운동을 무시하는 주장으로 헌법 정신에도 위배되는 것이다.

지되고 저항하였던 임시 정부였다.

임시 정부는 왜 상하이를 선택했나?

1919년에 있었던 3·1운동은 일본의 식민지 지배에 저항해 전 민족이 일어난 항일독립운동으로, 제1차 세계대전 이후 전승국의 식민지에서 최초로 일어난 대규모 독립운동이었다. 3·1운동 후 일본은 잔혹한 방법으로 탄압의 강도를 높였고, 이에 국내외에서 활동하던 지도자들은 좀 더 체계적이고 조직적인 대항이 필요하다는 것에 의견을 모았다.

1919년 국내외 각처에는 모두 여덟 개의 임시 정부가 수립되어 있던 것으로 알려져 있다. 그중 조선민국 임시 정부, 신한민국 정부, 대한민간정부, 고려공화 정부, 간도 임시 정부 등은 실체가 분명하지 않은 채 전단으로만 발표된 정부이다. 실제적인 조직과 기반을 갖추고 수립된 것은 세 개인데, 한성 임시 정부, 러시아 연해주 임시 정부, 그리고 중국 상하이 임시 정부였다.

세 임시 정부는 여러 차례의 통합 논의를 거쳐 국내에서 수립된 한성 정부의 정통성을 인정하고 정부 조직은 상하이에 둔다는 원칙에 합의하게 되었다. 한성 정부의 정통성을 인정한다면서 왜 정부는 정작 상하이에 세운 것일까?

상하이는 중국 중부 양쯔강長江 하구에 있는 상업 및 산업 도시로 지형이 평평하며 내륙 수로와 연결되는 교통의 요지이다. 양쯔강의 지류인 황

▲ 황푸강변에 늘어선 서양식 건물

푸강의 서쪽으로는 100여 년의 역사를 간직한 멋진 서구식 건축물들이 경쟁하듯 줄지어 늘어서 있다. 이 서양식 옛 건축물들의 행렬은 1900년대 초 상하이의 식민 역사를 고스란히 보여준다. 1840년 아편전쟁에서 승리한 대가로 영국, 미국, 프랑스는 1845년부터 상하이를 나누어 차지하였다. 조계지[24]로 정하고 치외 법권 지역으로 선포한 것이다. 아편전쟁에서 패한 뒤 청나라는 홍콩을 영국에 할양하고 광저우 등 다섯 개 항을 개항하였다. 그중에서도 상하이는 양쯔강과 바다가 만나는 교통 요충지인 데

24 제국주의 국가가 관리하도록 빌려준 땅을 말한다. 외국이 직접 독자적인 행정기관을 설립하고, 자신들의 법률에 따라 그 지역을 자유롭게 관할하는 치외 법권 지역이다.

▲ 상하이 임시 정부 청사(출처: 윤현민)

다 생산력이 풍부한 넓은 화남 평야를 배후 지역으로 두고 있어서 서구인들이 몰려들었던 곳이다. 그만큼 국제적인 소식이 모여들고 다시 전파되기 쉬운 곳이었다.

대한민국 임시 정부는 상하이에 있는 프랑스 조계지의 서쪽 끝 부분에 세워졌다. 중국 땅이지만 프랑스 법의 영향을 받는 곳이기 때문에 일본에서도 독립운동가들을 함부로 탄압할 수 없다는 것이 고려되었다. 또한 상하이가 이미 국제적인 항구도시였던 만큼 세계 여러 나라의 공사관이 위치하여 우리나라의 독립 문제를 다른 나라에 널리 알릴 수 있을 것이라는 판단이 작용하였다. 이 기간에 임시 정부는 국내와의 연계 및 독립운동 자금 모집을 위해 비밀조직인 교통국을 설치하고, 지방행정제도인 연통제를 실시하였다. 또한 2세 교육을 위해 학교를 설립하고, 〈독립신문〉을 발간하여 우리나라의 독립운동 소식을 국내외에 알렸다. '파리강화회의'에 독립 청원서를 제출하는 등 외교적인 활동을 펼침과 동시에 군사 조직을 건설하기 위한 활동을 펼친 것도 모두 이 시기에 있었던 일이다. 그러나 상하이에서의 안정적인 임시 정부 활동은 그리 오래가지 못했다.

대한민국 임시 정부의 발자취를 따라서

임시 정부의 안살림꾼이었던 정정화는 독립운동 시절을 기록한 《장강일기》에 날아오는 총탄을 피해 자신의 몸을 숨기는 장면을 실감 나게 묘사한다. 일제의 탄압을 피해 광저우에서 류저우로 이동할 때의 절박함이 잘 드러나는 구절이다. 대한민국 임시 정부의 27년간 활동은 크게 세 시기로 구분한다. 초기 상하이 시기(1919~1932년), 중기 8년간의 이동시기(1932~1940년), 말기 충칭 시기(1940년~광복)이다. 1932년 한인애국단인 이봉창 의사의 도쿄 의거와 윤봉길 의사의 상하이 홍커우 공원 의거로 대한민국 임시 정부의 위상은 크게 달라졌다. 당시 대한민국 임시 정부가 그저 망명객들의 피신처가 아니라 '중국인 100만 대군도 하지 못한 일을 해낸[25]' 실질적인 행동 조직임이 드러난 것이다. 그러나 윤봉길 의거 직후 일제의 탄압이 더욱 거세지자 임시 정부는 중국 대륙 각지를 떠돌며 역경과 고난의 시간을 보내게 된다. 임시 정부의 발길이 닿았던 곳

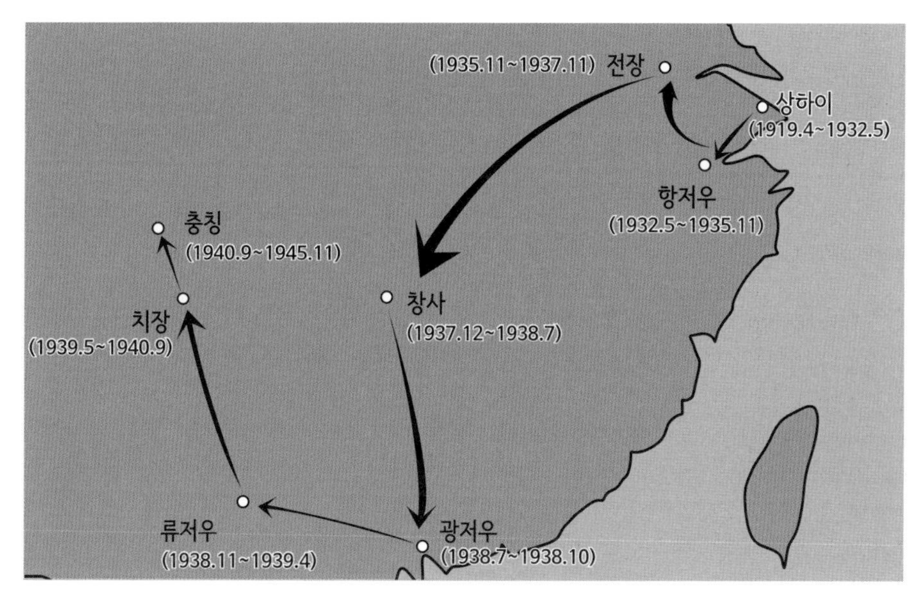

▲ 대한민국 임시 정부의 이동 경로

들은 어떤 지역이었을까?

임시 정부의 첫 번째 이동 지역은 항저우였다. 항저우는 3000년 역사를 자랑하는 오래된 도시로 예전 월越나라 땅이다. 오나라에 패한 월 왕 구천이 쓸개의 쓴맛을 보며 복수의 의지를 가다듬었다는 '와신상담'의 고사성어가 나온 곳이다. 윤봉길 의거 직후 김구는 자신이 거사를 주도했다

25 상하이사변에서 승리한 일본군은 1932년 4월 29일 일본 천황의 생일을 맞아 홍커우 공원에서 전승 기념식을 열었다. 그때 윤봉길 의사는 단상에 물통 폭탄을 던져 일본군 시라카와 대장 등을 사상케 하여 일본군에게 큰 피해를 입히고, 한국인의 의기를 전 세계에 떨쳤다. 이에 대해 장제스 국민당 총통은 "중국의 100만 대군도 해내지 못한 일을 한 명의 조선인 청년이 해냈다."라며 칭송했다.

는 성명을 발표한 뒤 상하이와 항저우 사이 조그만 시골 도시인 가흥으로 몸을 숨겼다. 김구가 숨을 죽이며 밀정을 따돌리는 동안 임시 정부는 항저우에서 정세를 지켜보았다. 일제의 탄압에 쉽게 활동을 전개하지는 못했지만, 월 왕 구천처럼 일제에 대한 복수와 독립의 의지를 키웠던 시기일지도 모르겠다.

항저우에 잠시 머물던 임시 정부는 난징南京 방향으로 조금 이동하여 내륙인 전장에 자리 잡았다. 전장은 상하이와 항저우에서 난징으로 가는 길목인데, 상하이에서 고속도로로 두 시간 남짓 걸린다. 임시 정부는 전장에 머물렀지만 정부 요인들은 난징에서 활동하였다. 난징은 양쯔강에 접해 있는 항구 도시로 산업과 교통의 중심지였다. 당시 난징은 중국의 수도였기 때문에 요원들의 활동을 대내외에 알리기 유리한 곳이었을 것이다.

하지만 1937년 7월 중일전쟁이 터지자 임시 정부는 결국 내륙 깊숙이 위치한 창사로 이동하게 된다. 창사는 내륙에 위치하였지만, 강가에 접하고 있어 남부로 가는 수로 교통이 편리하고 곡물 가격이 싼 점이 고려되었다. 또한 홍콩을 통해 국제 사정을 접하기 편리한 곳이라는 판단이 작용하였다. 이후 임시 정부는 해외 소식을 좀 더 가까이 알기 위해 창사에서 남쪽 해안가인 광저우로 다시 이동하였다. 광저우는 홍콩, 마카오와 가깝고 상하이와 같은 조계지여서 언제나 해외 소식이 넘쳐났다.

그런데 갑작스레 일본군이 광저우가 있는 광둥성에 상륙하게 되면서 임시 정부 요인들은 허겁지겁 짐을 챙겨 다시 류저우로 탈출하게 된다.

이후 임시 정부는 류저우를 떠나 치장을 거쳐 마지막 이동지인 충칭에 이르게 된다. 현재 중국 4대 직할시 중 하나인 충칭은 당시 중일전쟁 중 중국 정부의 임시 수도가 되었던 곳이다. 대한민국 임시 정부 27년간이 모두 어렵고 힘든 시기였지만, 그 가운데서도 이 8년의 이동 시기가 가장 힘든 시기였다. 하루라도 마음 편하게 쉴 곳이 없었기 때문이다.

대한민국 임시 정부를 충칭으로 옮긴 때는 1940년 9월이었다. 근거지를 충칭으로 옮긴 후 임시 정부는 활발하게 활동을 전개했지만, 충칭의 지리적 조건은 정부 요원들이 생활하기에 매우 열악했다. 충칭은 북쪽의 친링산맥, 서쪽의 윈구이고원을 포함하여 산으로 둘러싸인 분지지역이다. 산맥이 북서풍을 막아주어 겨울에는 큰 추위가 없지만, 여름에는 매우 무덥고 습했다. 연평균 기온이 18도, 8월 평균 최고기온이 30도를 넘어 난징, 우한과 함께 양쯔강 연안의 '3대 화로火爐'로 유명했다. 또한 분지 지형의 특성상 안개가 자주 발생하고[26] 바람이 약해 대기 순환이 잘 되지 않았다. 양쯔강과 자링강이 합류하는 강가에 위치했던 충칭은 안개 발생 일수가 특히 많았다. 1937년 중일전쟁으로 일본에 밀린 중국이 수도를 충칭으로 옮기자 갑자기 도시 규모가 열 배 이상 커지면서 충칭의 공기는

26 일반적으로 기온은 지표면에서 상공으로 갈수록 낮아진다. 그러나 분지의 경우 밤사이 냉각된 공기가 산지 사면을 따라 미끄러져 내려 분지 바닥에 쌓이게 된다. 지표면 부근의 기온이 매우 낮아지는 이러한 현상을 기온 역전 현상이라고 하는데, 기온 역전 현상이 나타나면 지표 가까운 대기층의 수증기가 응결하여 안개가 자주 발생한다. 분지 내의 자동차, 공장 등에서 발생한 오염물질이 안개와 결합하여 스모그 현상이 나타나기도 한다.

더욱 나빠졌다. 몰려드는 사람들로 대기오염 문제가 심각해졌고, 오염물질이 안개와 결합하여 스모그가 발생하면서 수많은 사람들이 호흡기 질환을 앓았다고 한다. 그 당시 충칭의 대기오염은 중국 내 어떤 도시보다도 심각했는데, 이는 김구의 글에 잘 나타나 있다.

> 중경의 기후는 9월 초부터 다음 해 4월까지 구름과 안개가 많아 햇빛을 보기 힘들다. 게다가 기압이 낮은 분지이므로, 땅에서 솟아나는 악취, 인가나 공장에서 뿜어져 나오는 석탄 연기가 흩어지지 않아 눈을 뜨기 힘들 정도로 공기가 불결했다. 우리 동포 300~400명이 이곳에서 6~7년 사는 동안 순전히 폐병으로만 70~80명이나 죽었다. 이는 중경에 사는 전체 한인의 근 2할에 해당하는 숫자이다. 외국의 영사관이나 상인들도 중경에서는 3년 이상 견디지 못하는데, 우리는 이곳에서 6~7년씩이나 살았다. 큰아들 인이도 이곳에서 폐병으로 죽고 말았으니, 알고도 피할 수 없어 당한 일이라 좀처럼 잊기 어렵다.
>
> **- 김구, 《쉽게 읽는 백범일지》, 돌베개, 286쪽 중에서 발췌**

이렇게 어려운 조건 속에서도 임시 정부는 일본군의 공습을 피해가며 전시체제를 준비하였다. 그 결과로 한국광복군을 창설하고, 1941년 태평양전쟁이 일어나자 일본과 독일에 각각 선전포고를 하고, 연합군의 일원으로 각지에 군대를 파견하였다. 1945년에는 국내정진군 총지휘부를 설립하고 미국 전략사무국OSS 부대와 합동작전으로 국내에 진입하려는 계획을 진행하던 중 8·15광복을 맞았다.

임시 정부가 명실상부하게 독립운동의 구심체로서 역할을 다하였는가에 대한 답은 시기에 따라 달라질 수도 있다. 하지만 상상도 못할 어려움 속에서 오로지 조국의 독립을 위해 희생한 임시 정부 요인들과 많은 독립운동가들의 삶은 아무리 강조해도 지나치지 않다. 현재 우리가 누리고 있는 민주주의 국가, 자유로운 독립 국가는 그 당시 독립운동가들이 흘린 피에 빚을 지고 있다. "역사를 잊은 민족에게 미래는 없다."라는 말이 있다. 임시 정부와 독립운동가들의 삶을 잊지 않고 이들이 목숨 걸고 지키려 했던 대한민국을 더 살기 좋은 나라로 만들어가는 것, 이것이 바로 지금 우리가 미래를 건설하는 방식이 되어야 할 것이다.

한반도는 언제부터 호랑이 모양이 되었을까?

이희연, 《인구지리학》, 법문사, 1993.

이수광, 《여진과 전쟁을 선포하다_4군6진의 개척》, 샘터사, 2008.

남의현, 〈고지도를 통해서 본 15~17세기의 변경지대만주학회〉, 《만주연구》 14호, 37~73, 2012.

이상태, 〈백두산 정계비 설치에 관한 연구〉, 《역사와실학》 7호, 87~119, 1996.

엄찬호, 〈조·중간의 경계분쟁과 고지도〉, 《한일관계사연구》 42호, 305~342, 2012.

박현모, 〈세종의 변경관과 북방영토경영 연구〉, 《정치사상연구》 13호 권1, 31~52, 2007.

임덕순, 《정치지리학》, 법문사, 1989.

이순신은 어떻게 전술의 귀재가 되었나?

김돈, 《뿌리 깊은 한국사 샘이 깊은 이야기 4 : 조선 전기 편》, 가람기획, 2014.

김인영, "판문점, 선조 몽진 때 대문 뜯어 다리 놓아준 곳", 〈오피니언 뉴스〉, 2018. 05.28.

김태훈, 《그러나 이순신이 있었다》, 일상이상, 2014.

이이화, 《한국사 이야기 11 : 조선과 일본의 7년 전쟁》, 한길사, 2004.

지호진, "선조 피란 갈 때, 주민들 널빤지문 다리 만들어 도왔대요.", 〈조선일보〉, 2018. 05.02.

권율과 신립, 두 장수의 차이는 무엇이었나?

이이화, 《한국사 이야기 11 : 조선과 일본의 7년 전쟁》, 한길사, 2004.

이상훈, 〈신립의 작전 지역 선정과 탄금대 전투〉, 《국방부 軍史》 제87호, 2013. 6.
《선조수정실록》 권26, 선조 25년 4월 1일(경인).
오산시청 홈페이지, http://www.osan.go.kr

정조는 왜 화성에 신도시를 건설하려 했을까?

유봉학 외, 《정조시대 화성 신도시의 건설》, 백산서당, 2001.
이찬 외, 《우리국토에 새겨진 문화와 역사》, 논형, 2004.
최창조, 《한국의 자생풍수 Ⅰ》, 민음사, 1997.
이원순 외, 《한국의 전통지리사상》, 민음사, 1994.
유봉학, 《꿈의 유산, 화성》, 신구문화사, 1996.

강화도는 왜 역사책의 단골손님이 되었을까?

최영준, 《국토와 민족생활사》, 한길사, 1997.
이성모, 〈노천 박물관 강화도 역사 기행〉, 《한국기독교역사연구소소식》 110, 37~45, 2015.
신효승, 〈1871년 미군의 강화도 침공과 전황 분석〉, 《역사와경계》 93, 31~64, 2014.
이형구, 《강화도》, 대원사, 2014.
이주천, 〈병인양요의 재조명: 조선과 프랑스의 대격돌〉, 《열린정신 인문학연구》 8, 131~146, 2007.
이이화, 《조선침략의 전초전 병인양요》, 한길사, 2006.
한지은, 〈강화도 교동 및 강화읍내 기독교·일반사 유적지〉, 《한국기독교역사연구소소식》 84, 35~37, 2008.
이기백, 《한국사 신론》, 일조각, 2012.

모내기는 조선 후기 신분 질서를 어떻게 변화시켰을까?

김재호, 〈조선후기 한국 농업의 특징과 기후생태학적 배경〉, 《비교민속학》 41, 97~127, 2010.
박진근, 《이앙법》, 누리미디어, 2002.

이종봉, 〈고려시기 수전농업의 발달과 이앙법〉, 《한국민족문화》 6, 145~188, 1993.
염정섭, 《조선 시대 농법달달 연구》, 태학사, 2002.
박근필, 《17세기 조선의 기후와 농업》, 국학자료원, 2003.
이찬 외, 《우리국토에 새겨진 문화와 역사》, 논형, 2004.

우리 조상들은 어떻게 소금을 얻었나?

유승훈, 《작지만 큰 한국사, 소금》, 푸른역사, 2012.
홍익희, 《세상을 바꾼 다섯 가지 상품 이야기》, 행성비, 2015.
EBS 역사채널ⓔ 제작팀, 《역사ⓔ2》, 북하우스, 2013.
SBS 일요특선다큐멘터리 〈바다의 꽃, 소금〉, 2015.01.18. 방영
국사편찬위원회 조선왕조실록 http://sillok.history.go.kr/main/main.do
태안군청 홈페이지 www.taean.go.kr

600년 도시 서울은 어떻게 탄생했을까?

김광언, 《풍수지리》, 대원사, 2003.
국토연구원, 〈서울 아리랑 : 한양천도 600년, 그 옛 일을 더듬은 오늘의 서울〉, 《국토》 10(1), 83~83, 1992.
원영환, 〈한양천도와 수도건설고〉, 《향토서울》 45, 서울역사편찬원, 1988.
최창조, 《명당은 마음속에 있다》, 고릴라박스(비룡소), 2015.
이덕일, 《조선왕조실록 1, 2》, 다산초당, 2018.
최창조, 《한국의 풍수지리》, 민음사, 1994.

정조는 왜 운하에 관심을 가졌나?

전국지리교사모임, 《지리, 세상을 날다》, 서해문집, 2009.
곽호제, 〈고려~조선 시대 태안반도 조운의 실태와 운하굴착〉, 《지방사와 지방문화》 제12권 제1호, 2009.05.
김현준, 〈안흥량의 굴포 – 미완성의 운하 공사〉, 《대한토목학회지》 제49권 제8호, 2018.08.

강구열, '안흥량을 피하라' 태종이 운하 건설에 집착한 이유는?, 〈세계일보〉, 2018.04.14.

서동철, 청자 실은 화물선은 왜 천수만에 침몰했나?, 〈논객닷컴〉, 2018.04.19.

신병주, 조선 시대 태안반도에 물길 공사 왜?, 〈세계일보〉, 2008.02.13.

조성민, 수에즈운하보다 수백 년 앞선 굴포운하, 〈연합뉴스〉, 2018.02.03.

보부상들은 어떻게 역사의 숨은 주인공이 되었을까?

조재곤, 〈보부상 문서의 운영체계와 활용방안〉, 《한국근현대사연구》 제23호, 7~32, 2002.

이창식 외, 〈낙동강 유역 보부상 민속현상과 지역사회〉, 《비교민속학》 제29호, 527~554, 2005.

이상찬, 〈대한 제국시기 보부상의 정치적 진출 배경〉, 《한국문화》 제23호, 221~242, 1999.

조재곤, 〈대한 제국의 개혁이념과 보부상〉, 《한국독립운동사연구》 제20호, 127~148, 2003.

조재곤, 〈보부상, 그들은 누구인가?〉, 《내일을 여는 역사》, 211~224, 2016.

조재곤, 《보부상》, 서울대학교 출판부, 2003

전국역사교사모임, 《살아 있는 한국사 교과서》, 휴머니스트, 2002.

이찬 외, 《우리국토에 새겨진 문화와 역사》, 논형, 2003.

정요근, 〈조선초기 역로망驛路網의 전국적 재편 – 교통로의 측면을 중심으로〉, 《조선 시대사학보》 제46호, 41~80, 2008.

유자후, 《보부상이란》, 온이퍼브, 2017.

장시는 언제부터 우리 역사에 등장하게 되었을까?

한국역사연구회, 《조선 시대 사람들은 어떻게 살았을까》, 청년사, 2005.

권혁재, 《한국지리 – 총론편 2판》, 법문사, 2001.

설병수, 〈농촌 정기 시장의 사회·문화적 의미 – 상주지역의 사례를 중심으로〉, 《지방사와 지방문화》 8(1), 281~319, 2005.

이창언, 〈동해안지역 정기 시장의 변화에 관한 연구 – 경상북도 영덕군 영해장을 중심으로〉, 《민족문화논총》 48, 523~558, 2011.

채수홍·구혜경, 〈전통시장의 쇠락과정, 대응양상, 그리고 미래 – 전주 남부시장의 민족지적 사례〉, 《비교문화연구》 21(1), 87~131, 2015.

이재하, 〈정기 시장의 구조와 기능의 특성에 대한 연구성과와 과제〉, 《한국사회과학연구》 7, 47~71, 1991.

김대길, 〈조선 후기 장시 발달과 사회·문화 생활 변화〉, 《정신문화연구》 35(4), 87~113, 2012.

고동환, 〈조선후기 王室과 시전상인〉, 《서울학연구》 30, 71~97, 2008.

김인, 《현대인문지리학》, 법문사, 2003.

김용택. 안도현, 《장날, 사라져가는 기억의 순간들》, 시공아트, 2018.

변광석, 《조선 시대 시전상인 연구》, 해안, 2001.

최형심, 〈정읍군 정기 시장의 지리학적 연구〉, 《지리학보고》 2, 1983.

조선 시대 세계지도에는 무엇이 담겼을까?

국립지리원 외, 《한국의 지도 과거·현재·미래》, 신유문화사, 2000.

김대훈 외, 《톡! 한국지리》, 휴머니스트, 2013.

전종한 외, 《인문지리학의 시선 개정3판》, 사회평론, 2017.

최선웅, 〈최선웅의 고지도이야기: 제작 연도가 석연찮은 중국의 세계지도 대명혼일도〉, 《월간 산》 525호, 2013.07.11.

최선웅, 〈최선웅의 고지도이야기: 조선의 세계지도 혼일강리역대국도지도〉, 《월간 산》 526호, 2013.08.16.

심진용, 유럽이 이렇게 작아? 미 보스턴 교실, 500년 제국주의 지도 뗀다, 〈경향신문〉, 2017. 03.21.

KBS 다큐멘터리 글로벌대기획, 〈문명의 기억, 지도〉, 2012.03.03 방영

EBS, 〈한 장의 지도〉, 지식채널ⓔ, 2008.06.09 방영

간도는 어떻게 우리 영토에서 사라졌나?

박선영, 〈왜 '간도문제'가 제기되나?〉, 《내일을 여는 역사》 제18호, 2004.

이성환, 〈간도문제의 역사와 현재〉, 《전남대학교 세계한상문화연구단 국내학술회의》,

2008.
노웅희, 박병석, 《교실밖 지리여행》, 사계절, 2009.
이광형, "만주는 우리 땅" 입증 유럽 古지도 대량 발견, 〈국민일보〉, 2005.02.21.
다음 Daum 백과사전, '윤동주'
국사편찬위원회 《숙종실록》 52권, 숙종 38년 12월 7일(병진) http://www.history.go.kr/

우리 민족 고려인은 왜 중앙아시아에 살고 있나?

김중관, 〈중앙아시아 고려인의 이주 과정과 민족문화의 정체성〉, 《한국글로벌문화학회지》 제7권 제1호, 2016. 06.
이원봉, 〈중앙아시아 고려인 강제이주에 관한 연구〉, 《아태연구》 제8권 제1호, 2001.
이정현, 〈소설스러운 역사이야기(11) 조선인 강제이주 연해주에서 카자흐스탄까지〉, 《새가정》 제61호, 2014. 12.
김기성, "고려인 엄마 한국 사는데, 난 19살 되면 추방이라니", 〈한겨레신문〉, 2017.05.01.
인하대학교 홈페이지, http://www.inha.ac.kr
한국이민사박물관 홈페이지, http://mkeh.incheon.go.kr
네이버 지식백과(두산백과), '아시아의 지역구분'

대한민국 임시 정부는 어떤 곳에 세워졌나?

김구, 도진순 엮음, 《쉽게 읽는 백범일지》, 돌베개, 2015.
김희곤 외, 《제대로 본 대한민국 임시 정부》, 지식산업사, 2009.
이욱연, 《중국이 내게 말을 걸다》, 창비, 2009.
장호철, 갑자기 김구 곁을 떠난 며느리, 지금껏 수수께끼, 〈오마이뉴스〉, 2015.04.02.
김희곤, [실록 대한민국 임시 정부] '윤봉길 거사' 직후 7곳 옮겨 다녀, 〈조선일보〉, 2005.03.09.
한시준, [실록 대한민국 임시 정부] 韓獨黨·국민당 등 잇따라 창당, 민주공화제 첫 실험, 〈조선일보〉, 2005.03.23.
대한민국 임시 정부 기념사업회 www.kopogo.com

역사가 묻고 지리가 답하다

초판 1쇄 발행 2019년 5월 24일
초판 8쇄 발행 2025년 1월 6일

지은이 마경묵, 박선희

펴낸이 박선경
기획/편집 • 이유나, 지혜빈, 김슬기
마케팅 • 박언경, 황예린, 서민서
표지 디자인 • 김경년
본문 일러스트 • 오윤정
제작 • 디자인원(031-941-0991)

펴낸곳 • 도서출판 지상의 책
출판등록 • 2016년 5월 18일 제395-2016-000085호
주소 • 경기도 고양시 일산동구 호수로 358-39 (백석동, 동문타워 I) 808호
주소 • 경기도 고양시 일산동구 호수로 358-39 (백석동, 동문타워 I) 808호
전화 • (031)967-5596
팩스 • (031)967-5597
블로그 • blog.naver.com/kevinmanse
이메일 • kevinmanse@naver.com
인스타그램 • www.instagram.com/purplerain.pub

ISBN 979-11-961786-6-6/03980
값 17,000원

• 잘못된 책은 구입하신 서점에서 바꾸어드립니다.
• '지상의 책'은 도서출판 갈매나무의 청소년 도서 임프린트입니다. 배본, 판매 등 관련 업무는 도서출판 갈매나무에서 관리합니다.

이 도서의 국립중앙도서관 출판예정도서목록(CIP)은 서지정보유통지원시스템 홈페이지(http://seoji.nl.go.kr)와 국가자료공동목록시스템(http://www.nl.go.kr/kolisnet)에서 이용하실 수 있습니다.(CIP제어번호: CIP2019017405)